我做的
蛋糕甜點
可以賣！

瑞昇文化

Contents

PART 1　超人氣招牌甜點

Basic
草莓鮮奶油蛋糕
P.8

Arrange
蒙布朗
P.14

Arrange
大理石蛋糕
P.15

Basic
水果蛋糕捲
P.16

Arrange
摩卡捲
P.21

Arrange
櫻花蛋糕捲
P.22

Arrange
楓糖奶油捲
P.23

Basic
戚風蛋糕
P.24

Arrange
紅茶戚風蛋糕
P.28

Arrange
蔬菜戚風蛋糕
P.29

Basic
水果塔
P.30

Arrange
蘋果塔
P.36

Arrange
香蕉布丁塔
P.37

Basic
烤乳酪蛋糕
P.38

Basic
舒芙蕾乳酪蛋糕
P.42

Basic
生乳酪蛋糕
P.44

Basic
水果磅蛋糕

Arrange
核果磅蛋糕

Arrange
檸檬磅蛋糕

Basic
花式瑪芬

Arrange
椰香鳳梨瑪芬

Arrange
雙莓瑪芬

Basic
瑪德蓮貝殼蛋糕

Basic
費南雪・抹茶費南雪

Basic
司康餅

Arrange
什錦果麥司康

本書使用方法

關於材料

●有關計量單位，一小匙＝5ml，一大匙＝15ml，一杯＝200ml。

●沒有標示「市售」的巧克力，一律使用製作點心專用的調溫巧克力。

關於前置作業

●本書所標示的順序，乃是順著作業進行時的步驟。

●「降至室溫」的室溫是指19～22℃。

關於作法

●顆粒較粗、不易攪拌成麵團的高筋麵粉，適合用來當作乾粉。若沒有高筋麵粉，也可改用低筋麵粉代替。

●微波爐的加熱時間以600W的微波爐為標準。若微波爐為500W，則乘以1.2倍；800W的話，則乘以0.8倍。

●根據烤箱機型的不同，火力強度也各有不同。請以食譜上所標示的烘培時間與溫度為標準，視烘烤情況來進行調整。

關於本書記號

完成時間
70分鐘
是指從開始到製作完成所需的調理時間。不包括事前準備的時間。

賞味期限
放在冰箱
冷藏2天
是指賞味期限，有異於市售的點心，賞味期限比較短。因此最好能儘早食用完畢。

PART 2　適合送禮的巧克力甜點

P.62

Basic
巧克力蛋糕

P.66

Basic
布朗尼

P.68

Basic
熔漿巧克力蛋糕

P.70

Basic
沙河蛋糕

P.72

Basic
聖誕木柴蛋糕

P.74

Basic
巧克力石磚

P.76

Basic
松露巧克力

P.78

Arrange
水果松露巧克力

P.79

Arrange
和風松露巧克力

P.80

Basic
杏仁休格拉

P.82

Basic
棉花糖巧克力派

P.83

Basic
寶石休格拉

P.84

Basic
巧克力塔

P.86

Basic
雙倍巧克力餅乾

P.88

Basic
甜心巧克力派

PART 3　獨門的烤點心

Basic
造型餅乾

Basic
紅茶冰箱餅乾

Basic
雪球餅乾

Basic
國王餅

Basic
義大利脆餅

Basic
拿破崙蛋糕

Arrange
南瓜派

Arrange
蘋果派

Basic
泡芙

Arrange
摩卡閃電泡芙

Arrange
泡芙派

Basic
克拉芙堤

Basic
烤蕃薯

PART 4　甜蜜冰涼的點心

PART 1

超人氣
招牌甜點

草莓鮮奶油蛋糕、戚風蛋糕、
塔類、還有乳酪蛋糕等……
本單元彙集各種超人氣招牌甜點，
只要是蛋糕的愛好者都想動手做做看。
現在就來體驗自己動手做的樂趣與美味吧！

草莓鮮奶油蛋糕

一提到招牌蛋糕，非草莓鮮奶油蛋糕莫屬
——雪白的鮮奶油綴上鮮紅欲滴的草莓。
這款蛋糕是以基本海綿蛋糕為主體，
試著挑戰蛋糕裝飾吧。

材料(直徑18cm的圓形烤模1個份)

海綿蛋糕
蛋…3顆
細砂糖…90g
低筋麵粉…90g
A「奶油（無鹽）…20g
　鮮奶…1大匙

糖漿
B「水…4大匙
　細砂糖…30g
櫻桃白蘭地…2小匙

奶油霜
C「鮮奶油…300ml
　細砂糖…2大匙

草莓…12顆

前置作業

●將材料A倒入耐熱容器，用微波爐加熱10～20秒，溫熱至與皮膚溫度相同（圖**a**）。

●事先將低筋麵粉過篩（圖**b**）。

●在烤模上塗上奶油（份量之外）後，再鋪上型紙或符合烤模大小的烤盤紙（圖**c**）。

●烘烤前，先將烤箱以180℃預熱。

●將6顆草莓去掉蒂頭後，切成厚度約7mm的塊狀。

---

memo 在日本人的獨特巧思之下，
鮮奶油蛋糕就此誕生！

鮮奶油蛋糕是以美國一般家庭點心「Shortcake」（以介於小餅乾與磅蛋糕之間的麵糊為主體）為雛型改良後，誕生於日本的一種新甜點。由於西點給人相當高貴的印象，因此在日本便改用海綿蛋糕為主體，變成帶有日式風格的甜點。

strawberry short cake

Part
1

超人氣招牌甜點　草莓鮮奶油蛋糕

基本的海綿蛋糕作法

1

**將蛋與細砂糖以隔水加熱
的方式攪拌均勻**

在攪拌盆內倒入蛋與細砂糖，一邊隔水加熱，一邊使用手拿式攪拌器以高速攪拌均勻，使蛋糊充滿空氣。

2

**拿開熱水
使用手拿式攪拌器拌勻**

當蛋糊溫熱之後，即可拿開熱水，繼續使用手拿式攪拌器以高速將蛋糊打發至顏色變白，呈柔滑狀。

3

**將蛋糊打發至可在上面
留下「8」的痕跡**

將蛋糊打發至拿起手拿式攪拌器後，可在蛋糊上留下「8」的痕跡。

4

**改用低速，
調整蛋糊的細緻度**

接著將手拿式攪拌器調為低速，繼續攪拌約1分鐘來調整蛋糊的細緻度。

5

加入低筋麵粉

接著將已過篩的低筋麵粉再次過篩加入攪拌盆內。這麼一來，麵糊就不會產生粗大顆粒，也比較容易攪拌均勻。

6

**改用橡皮刮刀
從底往上翻攪麵糊**

改用橡皮刮刀，以切半法將麵糊翻攪均勻。

7

加入溫熱過的奶油與鮮奶

將P.8的材料A溫熱後，用橡皮刮刀均勻撒在整個麵糊上，然後儘快翻攪拌勻。

8

將麵糊倒入烤模中

將麵糊往鋪上型紙的烤模中央倒入。由於打蛋盆底殘留的麵糊充滿泡沫，最好避開中央，改從周圍倒入。

9

將烤模往桌面輕摔
去除麵糊中多餘的空氣

用雙手舉起烤模，將烤模往鋪有溼抹布的桌上輕摔2～3次，以去除麵糊中多餘的空氣。

10

放入烤箱以180℃
烤30分鐘

將麵糊放入以180℃預熱的烤箱烤約30分鐘。在烘烤的過程中取出一次，用竹籤刺進麵糊，以確認麵糊烘烤的情況。若竹籤上沒有沾黏麵糊，即大功告成。

11

脫模後
放在散熱架上待涼

蛋糕烤好後立刻脫模，放在散熱架待涼。待冷卻後，即可撕除型紙。

point

加入奶油後
儘快攪拌均勻

奶油不僅能增添蛋糕的風味，使蛋糕入口即化，同時也會破壞打成柔滑狀的麵糊泡沫。因此在麵糊中加入融化的奶油後，為避免攪拌過度，必須儘快將麵糊翻攪均勻，這點相當重要。

⠿ 裝飾奶油的方法

1

製作糖漿

將P.8的材料B倒入小鍋子中煮沸,待細砂糖完全融化後,即可熄火。

2

加入櫻桃白蘭地

待涼後,加入櫻桃白蘭地增添風味(不喜酒味者也可以不加)。

3

將鮮奶油打發

將材料C倒入打蛋盆內,一邊以冰水隔水降溫,一邊使用手拿式攪拌器將鮮奶油打至7分發泡,然後將1/5量的裝飾奶油倒入裝上直徑1cm擠花嘴的擠花袋中備用。

4

將海綿蛋糕橫切成二片

將P.11中已冷卻的海綿蛋糕的烤盤紙撕除之後,置於旋轉台上,接著用蛋糕刀在蛋糕側面輕輕地劃一圈,將蛋糕橫切成二片。

5

在海綿蛋糕上塗上糖漿

在切開的海綿蛋糕位於底部的蛋糕切面,以及位於上方的另一片蛋糕的焦黃部份上,分別大量塗上步驟2的糖漿。

6

塗上奶油霜

接著再塗上步驟3的奶油霜,使用抹刀均勻塗上一層奶油霜。

7

鋪上切成薄片的草莓後 再塗上一層奶油

將6顆草莓切成厚度7mm的薄片，以放射狀方式擺在蛋糕上，接著再薄薄塗上一層奶油霜。

8

蓋上另一片海綿蛋糕， 並塗上糖漿

將另一片海綿蛋糕已塗上糖漿的一面疊在上方，然後將剩餘的糖漿塗滿上方蛋糕的切面。

9

將整個蛋糕塗上一層 薄薄的奶油霜

使用抹刀在蛋糕上塗上薄薄一層奶油霜，多餘的奶油霜則刮到側面，塗抹在蛋糕的上面以及側面。

10

接著再厚厚的塗上一層奶油霜 並修飾表面

將剩下的奶油霜倒在蛋糕上推開，用抹刀將蛋糕表面均勻抹平整修。

11

以裝飾奶油在蛋糕的 表面邊緣擠花

接著使用步驟3的擠花袋，在蛋糕表面擠出適當大小的奶油花。

12

在蛋糕中央擺上草莓做裝飾

剩餘的6顆草莓保留蒂頭，將其中3顆縱向切半，與其餘3顆完整的草莓隨意擺在蛋糕中央做裝飾。

mont blanc

完成時間 70分鐘
賞味期限 放在冰箱冷藏2天

前置作業

● 將材料A倒入耐熱容器,用微波爐加熱10〜20秒,溫熱至與皮膚溫度相同。

● 先將低筋麵粉過篩。

● 在烤模上塗上奶油(份量之外)後,再鋪上型紙或符合烤模大小的烤盤紙。

● 烘烤前,先將烤箱以180℃預熱。

● 取6粒栗子澀皮煮切成碎粒,剩餘的3粒栗子則縱向切半。

作法

1 參照P10〜11基本海綿蛋糕作法步驟1〜11製作海綿蛋糕。

2 接著製作糖漿。將材料B倒入小鍋子內煮沸後,待涼備用

3 製作奶油霜。在攪拌盆內倒入材料C,一邊以冰水隔水降溫,一邊用手拿式攪拌器打至7分發泡。

4 製作蒙布朗奶油。在打蛋盆內倒入材料D後,用木杓將材料混合均勻,接著慢慢加入奶油攪拌成糊狀。

5 將1的海綿蛋糕切半後,在二片蛋糕的切面部份塗上步驟2,接著使用橡皮刮刀在其中一片蛋糕上均勻塗上一層步驟3的奶油霜,再灑上切成碎粒的栗子。

6 將另外一片海綿蛋糕塗上步驟2糖漿的那面朝下蓋上,接著在上方也塗上一層糖漿。然後,使用橡皮刮刀將奶油霜均勻塗滿蛋糕的上面以及側面。

7 在擠花袋上裝上極細的擠花嘴,將步驟4的蒙布朗奶油倒入擠花袋,在蛋糕上面擠出奶油,接著用小篩子灑上一層可可粉。最後用剩餘的奶油霜做裝飾,並在奶油霜上擺上切半的栗子加以點綴。

Arrange

蒙布朗

這是以基本海綿蛋糕為主體
使用栗子製作的奶油霜以及裝飾奶油所點綴而成的奢華蛋糕

材料(直徑18cm的圓形烤模1個份)

海綿蛋糕
蛋…3顆
細砂糖…90g
低筋麵粉…90g
A ⌈奶油(無鹽)…20g
  ⌊鮮奶…1大匙

糖漿
B ⌈水…4大匙
  ⌊細砂糖…30g

奶油霜
C ⌈鮮奶油…250ml
  ⌊細砂糖…1大匙

蒙布朗奶油
D ⌈栗子泥罐頭…150g
  ⌊蘭姆酒…2小匙
奶油(無鹽)…40g

栗子澀皮煮(譯註:將栗子連皮以慢火燉煮)…9粒
可可粉…適量

栗子泥罐頭
即將蒸熟的栗子磨成泥,加入砂糖與香草精增添風味所製成的產品。罐頭栗子泥比奶油還要硬一些,常與鮮奶油以及奶油一同使用。

14

*A*rrange

大理石蛋糕

在海綿蛋糕中增添可可風味
加上簡單樸實的裝飾奶油，完成帶有成熟韻味的蛋糕

材料(直徑18cm的圓形烤模1個份)

海綿蛋糕
蛋…3顆
細砂糖…90g
低筋麵粉…90g
A 「奶油(無鹽)…20g
  └ 鮮奶…1大匙
可可粉…6g

糖漿
B 「水…4大匙
  └ 細砂糖…30g

奶油霜
C 「鮮奶油…200ml
  └ 細砂糖…2小匙

前置作業

● 將材料A倒入耐熱容器，用微波爐加熱10～20秒，溫熱至與皮膚溫度相同。

● 先將低筋麵粉過篩。

● 在烤模上塗上奶油(份量之外)後，再鋪上型紙或符合烤模大小的烤盤紙。

● 烘烤前，先將烤箱以180℃預熱。

作法

1 依照P.10～11基本的海綿蛋糕作法步驟1～7進行製作。

2 取1/5的麵糊倒入其他的攪拌盆內，接著加入可可粉，用橡皮刮刀以切半法拌勻。

3 將步驟1剩餘的材料從3個不同的位置倒入，接著使用橡皮刮刀分別從縱向以及橫向以切半法各翻攪2次，使麵糊呈現大理石花紋(圖a)。

4 依照P.11作法的步驟8～11製作蛋糕，烤好後待涼備用。

5 製作糖漿。將材料B倒入小鍋子內煮沸，然後待涼備用。

6 接著製作奶油霜。在打蛋盆內倒入材料C，並一邊在盆底用冷水隔水降溫，一邊使用手拿式攪拌器將奶油打至7分發泡。

7 用刷子在步驟4的表面塗滿步驟5，接著在整個蛋糕塗滿步驟6的奶油霜。然後用橡皮刮刀的尖端先輕壓再往上抽，做出花樣(圖b)。

完成時間 **50分鐘**　賞味期限 放在冰箱冷藏2天

marble cake

15

水果蛋糕捲

這是在用烤盤烤好的鬆軟蛋糕體上，
抹上大量奶油以及豐富的水果所捲成的蛋糕。
可盡情享用喜愛的奶油與水果。

材料(30cm×30cm烤盤1個份)

蛋糕捲蛋糕體
蛋…5顆
上白糖…90g
低筋麵粉…75g
鮮奶…3大匙

糖漿
A ┌ 水…4大匙
  └ 細砂糖…30g
櫻桃白蘭地…2小匙

奶油霜
B ┌ 鮮奶油…200ml
  └ 細砂糖…1大匙

草莓…5顆
奇異果…½顆
水蜜桃（罐頭）…1片

前置作業

●將鮮奶倒入耐熱容器，用微波爐加熱10～20秒，溫熱至與皮膚溫度相同（圖**a**）。

●先將低筋麵粉過篩。

●在烤模上塗上奶油（份量之外）後，再鋪上型紙或符合烤模大小的烤盤紙。

●烘烤前，先將烤箱以190℃預熱。

●將水果去掉蒂頭與外皮後，切成寬1cm的塊狀備用（圖**b**）。

memo 「瑞士捲」名稱的由來

蛋糕捲在英文叫做「瑞士捲（Swiss Roll）」，而日本的麵包製作公司所販售日本最早的蛋糕捲，也取名為「瑞士捲」。這些都是參考瑞士的甜點「Roulade」所製成的蛋糕。

完成時間
90分鐘

賞味期限
放在冰箱
冷藏 2 天

fruit rollcake

裝飾奶油的方法

1

**將蛋與砂糖以隔水加熱
的方式攪拌均勻**

將蛋在攪拌盆裡打散後，與上白糖一
起隔水加熱，並使用手拿式攪拌器以
高速打約5分鐘，打成蓬鬆的泡沫。

2

**拿開熱水
使用手拿式攪拌器拌勻**

接著將手拿式攪拌器轉為低速，繼續
攪拌約1分鐘，來調整蛋糊的細緻度。

3

**將過篩好的低筋麵粉再次
過篩加入盆內**

將低筋麵粉再次過篩加入蛋糊內。

4

**使用橡皮刮刀
從底往上翻攪均勻**

使用橡皮刮刀從底往上翻攪約15次
（基準），攪拌至麵糊看不見顆粒為
止。

5

**加入鮮奶
充分拌勻**

使用橡皮刮刀將鮮奶均勻加入麵糊
中，然後再攪拌約60次（基準）直到
麵糊呈柔滑狀且帶有光澤。

6

將麵糊倒入烤盤中

將麵糊往烤盤的中央倒入，使麵糊逐
漸佈滿整個烤盤。

7

**用刮板將麵糊往烤盤
的角落刮平**

接著，使用刮板將麵糊均勻地往烤盤的角落刮平，避免麵糊的厚度不一致。

8

**去除麵糊中多餘的空氣後
放入烤箱以190℃烘烤**

將烤盤輕輕拿起，往鋪有溼抹布的桌上輕摔2～3次，以去除麵糊中多餘的空氣，接著放入以190℃預熱的烤箱烤14～16分鐘。

9

蛋糕體烤好後即可從烤盤脫模

蛋糕體烤好之後，放在烤箱約1分鐘後再取出，然後將烤盤放在鋪有溼抹布的桌上。這麼一來，可防止蛋糕體縮水。

10

蛋糕體脫模後待涼備用

將蛋糕體連著烤盤紙一起從烤盤取出，然後置於散熱架上，為避免乾燥，待熱氣散去後再蓋上一條乾毛巾待涼。

11

撕除蛋糕體上的烤盤紙

從蛋糕體的側面部份撕除烤盤紙，並將蛋糕體翻面，同時慢慢撕除蛋糕體底部的烤盤紙。撕下的烤盤紙直接蓋回蛋糕體上，再將蛋糕體翻回正面。

point

**做出濕軟蛋糕體的秘訣
在於蛋的搭配以及上白糖**

做出濕軟且口感鬆軟的蛋糕捲的秘訣，在於配合麵粉增加蛋的用量以及使用上白糖。這種濕軟的蛋糕體不僅容易捲起，搭配奶油霜的滋味更是絕妙。

水果蛋糕捲的捲法

1

製作裝飾奶油

將P.16的材料B倒入打蛋盆內，一邊將攪拌盆放到冰水裡隔水降溫，一邊使用手拿式攪拌器打至7分發泡。

2

為方便捲蛋糕 在蛋糕捲的蛋糕體上劃上幾刀

將蛋糕捲的蛋糕體焦黃的那面朝上，在蛋糕體末端斜切掉約1cm厚的蛋糕體，接著用蛋糕刀輕輕地在蛋糕體的前段劃上三刀。

3

製作糖漿 塗在蛋糕捲的蛋糕體上

將P.16的材料A倒入鍋中煮沸，待冷卻後加入櫻桃白蘭地攪拌後做成糖漿，接著用刷子在步驟2的蛋糕體上塗滿糖漿。

4

塗上裝飾奶油 並撒滿水果

在蛋糕體中央用抹刀均勻地抹上一層奶油霜，接著再擺上配色豐富的水果，並預留4cm寬的空間（因為捲蛋糕時會壓到）。然後，將蛋糕體前段的烤盤紙往上抬。

5

連同烤盤紙慢慢將蛋糕捲起

剛開始捲時，先捲出小小的軸心，然後一邊壓緊，一邊慢慢捲起蛋糕，最後將末端（蛋糕體邊緣）朝下。

6

將捲好的蛋糕捲 放入冰箱冷藏

用左手從烤盤紙的上方壓住蛋糕捲，接著用尺將烤盤紙塞入蛋糕捲的下方，壓緊並調整形狀。最後放入冰箱冷藏約30分鐘以上，之後即可撕除烤盤紙。

Arrange

摩卡捲

在海可可蛋糕中夾上濃濃咖啡風味的奶油霜
帶有淡淡的成熟韻味

材料(30cm×30cm烤盤1個份)

蛋糕捲蛋糕體
蛋⋯5顆
上白糖⋯90g
「低筋麵粉⋯60g
A
└可可粉⋯20g
鮮奶⋯3大匙

糖漿
「水⋯4大匙
B
└細砂糖⋯30g
即溶咖啡(粉)⋯1/2小匙

摩卡奶油
奶油(無鹽)⋯200g
糖粉⋯100g
「咖啡液、蘭姆酒
C
└⋯各2小匙

咖啡豆巧克力、銀粉
⋯各少許

前置作業

●使奶油回溫到室溫,待軟化後備用。

●將材料A事先過篩。

●將鮮奶倒入耐熱容器,用微波爐加熱10～20秒,溫熱至與皮膚溫度相同。

●在烤盤上塗上奶油(份量之外)後,再鋪上型紙或符合烤模大小的烤盤紙。

●烘烤前,先將烤箱以190℃預熱。

作法

1 依照P18～19基本蛋糕捲蛋糕體作法步驟1～11,將低筋麵粉替換成材料A進行製作。

2 在小鍋子中倒入材料B煮沸,然後倒入即溶咖啡煮至溶解,製作咖啡糖漿。

3 在攪拌盆內加入奶油,用手拿式攪拌器攪拌,接著加入糖粉繼續攪拌至顏色變白呈柔滑狀後,再加入材料C製作摩卡奶油(圖a),然後取1/8的摩卡奶油裝到裝有擠花嘴的擠花袋備用。

4 將步驟1的蛋糕體末端斜斜切除,並在蛋糕表面前端以蛋糕刀輕劃幾刀,並塗滿步驟2的糖漿(參見P.20的步驟2～3),接著在上面塗抹摩卡奶油。

5 連同烤盤紙一起捲蛋糕,將蛋糕末端置於下方,放入冰箱冷藏30分鐘以上。

6 從冰箱取出蛋糕後,用擠花袋在蛋糕上擠出摩卡奶油,最後用咖啡豆巧克力及銀粉做裝飾。

完成時間
90分鐘

賞味期限
放在冰箱冷藏3天

mocha rollcake

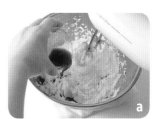
a

cherry blossom rollcake

完成時間	賞味期限
90分鐘	放在冰箱 冷藏 **2** 天

前置作業

● 先將低筋麵粉過篩。

● 將鮮奶倒入耐熱容器，用微波爐加熱10～20秒，溫熱至與皮膚溫度相同。

● 在烤盤上塗上奶油（份量之外）後，再鋪上型紙或符合烤模大小的烤盤紙。

● 烘烤前，先將烤箱以190℃預熱。

● 鹽漬櫻花先泡水一小時，去除鹽分後，再用廚房紙巾吸乾水份。

作法

1 依照P.18的基本蛋糕捲蛋糕體作法步驟1～5製作，在步驟5的最後加上少許水溶性食用色素調色，做出粉紅色的蛋糕捲麵糊。

2 在烤盤鋪上鹽漬櫻花，接著再倒入麵糊（圖a），與基本蛋糕體一樣放進烤箱烘烤。

3 在小鍋子中倒入材料A煮沸，待涼後完成糖漿。

4 在攪拌盆內倒入材料B，在盆底一邊以冰水隔水降溫，一邊用手拿式攪拌器打發，在這過程中，滴幾滴食用色素調成自己喜歡的粉紅色，完成打至7分發泡的奶油霜。

5 參照P.20水果蛋糕捲的捲法，在蛋糕體上塗滿糖漿以及步驟4的奶油霜、灑上甜納豆後，連同烤盤紙從蛋糕體前端開始捲，並將蛋糕末端置於下方，放進冰箱冷藏30分鐘以上。

Arrange

櫻花蛋糕捲

帶有淡淡櫻花香的和風蛋糕捲
最適合搭配綠茶一起享用

材料（30cm×30cm烤盤1個份）

蛋糕捲蛋糕體
蛋…5顆
上白糖…90g
低筋麵粉…75g
鮮奶…3大匙
鹽漬櫻花…26個
水溶性食用色素（紅）…少許

糖漿
A「水…4大匙
 └ 細砂糖…30g

奶油霜
B「鮮奶油（無鹽）…200ml
 └ 細砂糖…2小匙
水溶性食用色素（紅）…少許

甜納豆…50g

*A*rrange

楓糖奶油捲

原味蛋糕夾上楓糖漿風味奶油霜，搭配堅果及葡萄乾，
滋味絕佳！

材料(30cm×30cm烤盤1個份)

蛋糕捲蛋糕體
蛋…5顆
上白糖…90g
低筋麵粉…75g
鮮奶…3大匙

糖漿
A ⌈ 水…4大匙
 ⌊ 細砂糖…30g

楓糖奶油霜
B ⌈ 鮮奶油（無鹽）…200ml
 ⌊ 楓糖漿…2大匙

蘭姆酒漬葡萄乾…20g
核桃…30g
糖粉…適量

前置作業

●核桃先放入烤箱以160℃約烤5分鐘，然後切成碎粒。

●將鮮奶倒入耐熱容器，用微波爐加熱10～20秒，溫熱至與皮膚溫度相同。

●將低筋麵粉事先過篩。

●在烤盤上塗上奶油（份量之外）後，再鋪上型紙或符合烤模大小的烤盤紙。

●烘烤前，先將烤箱以190℃預熱。

作法

1 依照P18～19基本蛋糕捲蛋糕體作法步驟1～11進行製作。

2 在小鍋子中倒入材料A煮沸，待涼後完成糖漿。

3 在攪拌盆內倒入材料B，在盆底一邊以冰水隔水降溫，一邊用手拿式攪拌器打至7分發泡，完成楓糖奶油霜。

4 參照P.20水果蛋糕捲的捲法，在蛋糕體上塗滿步驟2的糖漿及步驟3的楓糖奶油霜，灑上蘭姆酒漬葡萄乾與切碎的核桃（圖a）之後，連同烤盤紙從蛋糕體前端開始捲，並將蛋糕末端置於下方，放入冰箱冷藏30分鐘以上。

5 從冰箱取出蛋糕捲，撕除烤盤紙後，用小篩子在蛋糕捲上灑上糖粉。

完成時間
80分鐘

賞味期限
放在冰箱
冷藏2天

maplecream rollcake

a

23

戚風蛋糕

口感鬆軟的人氣蛋糕。
跟目前為止製作的蛋糕有所不同，
蛋液要確實地打散、鬆軟的口感是製作的重點。

材料(直徑17cm的戚風蛋糕烤模1個份)

戚風蛋糕

蛋黃…3顆份

細砂糖…30g

A ┌沙拉油、水…各2大匙
  └檸檬汁…1⅓大匙

B ┌低筋麵粉…80g
  └泡打粉…½小匙

檸檬皮絲…½顆份

蛋白…4顆份

細砂糖…40g

前置作業

●先將材料B過篩（圖a）。

●烘烤前，先將烤箱以170℃預熱。

a

memo 口感宛如雪紡紗（Chiffon）般柔軟

戚風蛋糕在1920年代誕生於美國，由於口感如同一種名叫「雪紡紗」的絲織品般輕柔滑順，因而得名。長年以來，因其製作方法相當機密，故當戚風蛋糕公開其口感柔軟的秘訣在於將蛋白打成泡沫時，頓時變成極富話題的劃時代甜點。

完成時間
170分鐘

賞味期限
放在冰箱
冷藏 **5** 天

chiffon cake

:: 裝飾奶油的方法

1

將蛋黃與細砂糖一起拌勻

在攪拌盆內倒入蛋黃後打散,接著倒入細砂糖,用打蛋器攪拌至顏色變白。

2

依序加入沙拉油、水、檸檬汁一起攪拌

將P.24的材料A依序加入後,用打蛋器將材料攪拌均勻。

3

加入檸檬皮以及麵粉一起攪拌過篩加入盆內

加入檸檬皮絲,並將P.24的材料B再次過篩加入,用打蛋器攪拌至看不見顆粒為止。

4

蛋白打發前先打散

在另一個打蛋盆內倒入蛋白,先不要啟動手拿式攪拌器,直接用攪拌棒將蛋白舀起數次,將蛋白完全打散。

5

倒入細砂糖後將蛋白打發

接著開啟手拿式攪拌器的電源,稍微將蛋白打成泡沫後,再倒入1/3量的細砂糖,然後改用高速快速打發。

6

倒入剩餘的細砂糖將蛋白打至硬性發泡

剩下的細砂糖分作二次倒入,一邊繼續打發蛋白,直到蛋白變硬且出現光澤後,改以低速繼續攪拌1分鐘來調整泡沫的細緻度。

7

在麵糊內倒入少許蛋白霜
一起拌勻

在步驟3的打蛋盆加入一些步驟6的
蛋白霜,使用橡皮刮刀以切半法攪
拌,注意避免泡沫消失。

8

倒入剩餘蛋白霜
攪拌至麵糊呈現光澤

將剩下的蛋白霜分作二次加入,使用
橡皮刮刀一邊避免打散泡沫,一邊攪
拌至麵糊呈現光澤,用橡皮刮刀舀起
時麵糊會緩慢流下。

9

倒入烤模中
放進烤箱以170℃烘烤

一邊旋轉戚風蛋糕烤模,一邊倒入
麵糊,接著將烤模左右輕搖,使表面
平整,並將烤模輕敲桌面,以去除麵
糊中多餘的空氣,然後放進烤箱以
170℃烤40～45分鐘。

10

用竹籤穿刺確認烘烤情況

當蛋糕烤好後,將烤盤拿出,使用竹
籤刺穿蛋糕來確認蛋糕烘烤情況。若
竹籤上沒有沾黏麵糊,即烘烤完成。

11

將整個烤模倒扣
直到蛋糕完全冷卻

當蛋糕烤好後,立刻將整個烤模倒
扣在平穩的架上放置約2小時,使蛋
糕完全冷卻。若沒有將蛋糕倒扣在
架上,蛋糕就會萎縮,這點要特別注
意。

12

用抹刀脫模取出蛋糕

使用抹刀垂直插入蛋糕與烤模之間,
然後繞烤模一圈,將烤模倒扣後即可
取出蛋糕。蛋糕底部也要用抹刀插
入,進行脫模。

tea chiffoncake

完成時間
180分鐘

賞味期限
放在冰箱
冷藏 2 天

前置作業

●紅茶的茶葉用廚房紙巾包
起來，用菜刀的刀背壓碎茶葉
（圖**a**）。

●先將材料B過篩。

●烘烤前，先將烤箱以170℃
預熱。

作法

1 依照P.26～27基本戚風蛋糕作
法步驟**1**～**12**，將材料A替換成紅
茶來製作戚風蛋糕。

2 在攪拌盆內倒入鮮奶油與細砂
糖，在盆底一邊以冰水隔水降溫，
一邊用手拿式攪拌器打至7分發
泡，完成奶油霜。

3 將步驟**1**的戚風蛋糕置於旋轉台
上，在蛋糕上面抹上大量奶油霜，
並用抹刀塗抹均勻，多餘的奶油霜
則刮至側面，依照上面、側面、內側
的順序在蛋糕表面均勻塗上奶油
霜。

4 使用抹刀在蛋糕側面往上抽，留
下抹刀的痕跡。剩餘的奶油霜，則
使用抹刀以下壓的方式從外向內塗
抹（圖**b**）。最後，在蛋糕中央灑上
紅茶茶葉的碎末。

$\mathcal{A}$rrange

紅茶戚風蛋糕

雪白的奶油霜覆蓋整個蛋糕，
吃進嘴裡，卻有一股紅茶香味擴散開來

材料（直徑17cm的戚風蛋糕烤模1個份）

戚風蛋糕

蛋黃…3顆份
細砂糖…30g

A
沙拉油…2大匙
紅茶茶葉
（格雷伯爵茶）…5g
水…2½大匙

B
低筋麵粉…80g
泡打粉…½小匙
蛋白…4顆份
細砂糖…40g

奶油霜

鮮奶油…250ml
細砂糖…1½大匙

紅茶茶葉…適量

Arrange

蔬菜戚風蛋糕

帶有淡淡番茄色彩的蔬菜戚風蛋糕
非常適合當作早餐或午餐享用！

材料（直徑17cm的戚風蛋糕烤模1個份）

戚風蛋糕

蛋黃⋯4顆份

細砂糖⋯30g

「 沙拉油⋯3大匙
A
└ 番茄汁⋯3大匙

「 低筋麵粉⋯80g
B
└ 泡打粉⋯½小匙

蛋白⋯4顆份

細砂糖⋯35g

奶油霜

鮮奶油⋯150ml

小番茄⋯適量

前置作業

●先將材料B過篩。

●烘烤前，先將烤箱以170℃預熱。

作法

1 依照P.26～27基本戚風蛋糕作法步驟1～12，替換成材料A部份（圖a）來製作蔬菜戚風蛋糕。

2 在攪拌盆內倒入鮮奶油，在盆底一邊以冰水隔水降溫，一邊用手拿式攪拌器打至7分發泡，完成奶油霜。

3 將冷卻且已脫模的步驟1切出一塊，以奶油霜、連同蒂頭切半的小番茄做裝飾。

完成時間
170分鐘

賞味期限
放在冰箱
冷藏5天

vegetable chiffoncake

a

29

水果塔

在鬆脆的餅乾塔皮上擺滿喜歡的水果與餡料一起烘烤
搭配方式變化多端，可隨心所欲擺上自己喜歡的食材
為製作過程相當有趣的代表性糕點

材料(直徑21cm的塔類烤模1個份)

塔皮

奶油（無鹽）…80g

糖粉…40g

A ┌ 蛋黃…一顆份
　└ 鮮奶…½小匙

低筋麵粉…140g

卡士達奶油(160g份量)

蛋黃…3顆份

細砂糖…55g

低筋麵粉…30g

鮮奶…300ml

奶油（無鹽）…20g

香草油…少許

B ┌ 鮮奶油…60ml
　└ 櫻桃白蘭地…1小匙

草莓、奇異果、藍莓、
覆盆子…各適量

薄荷葉…適量

果膠

冷水…3大匙

吉利丁粉…5g

C ┌ 細砂糖…2大匙
　└ 水…80ml

前置作業

●使奶油回溫到室溫，待軟化後
備用（圖**a**）。

●先將材料B過篩。

●烘烤前，先將烤箱以170℃預
熱。

●將裝飾用的水果去掉外皮與
蒂頭，切成適當的大小（圖**b**）。

memo 可以食用的盛裝奶油的容器

塔類的起源，原是為了盛裝橡膠與奶油等呈凝膠狀且不易於食用的食材，
因而製作的「可食用容器」。其語源來自古羅馬文的點心"tōrta"。法文的
塔類叫做"Tarte"，而在德文則是叫"Torte"。

完成時間
80分鐘

賞味期限
放在冰箱
冷藏1天

fruit tarte

基本的塔皮作法

1

**將放在室溫軟化的奶油
打成乳脂狀**

將放在室溫軟化的奶油倒入打蛋盆中，用手拿式攪拌器以高速攪拌成柔滑的乳脂狀。

2

加入糖粉一起攪拌

加入糖粉，以手拿式攪拌器攪拌至顏色變白。

3

倒入蛋黃與鮮奶拌勻

加入P.30的材料A，以手拿式攪拌器攪拌均勻。

4

**倒入低筋麵粉拌勻
揉成麵團**

在步驟3倒入低筋麵粉，用橡皮刮刀從底往上攪拌，攪拌至呈魚鬆狀後慢慢揉成麵團。這裡要特別注意的是，若麵團揉過頭就無法做出口感酥脆的塔皮。

5

**用保鮮膜包起來
放到冰箱冷藏**

用保鮮膜將步驟4的塔皮緊緊包住，放入冰箱冷藏約30分鐘。

6

**將麵團擀成比烤模大上一圈、
厚度約3mm的塔皮**

在擀麵台上灑上適量（份量外）的高筋麵粉作為乾粉，接著打開保鮮膜將塔皮放在擀麵台上，在擀麵棒上同樣灑上乾粉，將麵團擀成比烤模大上一圈、厚度約3mm的塔皮。

7

將擀好的塔皮鋪在烤模上

用擀麵棒將塔皮捲起，沿著烤模的邊緣將塔皮邊緣鋪在其上。

8

**用手指壓塔皮，
使塔皮緊貼在烤模上**

用指腹按壓塔皮，使塔皮緊緊貼住烤模底部、角落與側面，與烤模完全密合。

9

**一邊轉動擀麵棍，
一邊將多餘的塔皮切除**

接著將擀麵棒放在烤模上方轉動，將烤盤邊緣多餘的塔皮切除。

※多餘的塔皮經烘烤後，也可做成餅乾或迷你塔。

10

**使用叉子在塔皮底部
刺出透氣孔**

在烤盤底部用叉子刺出透氣孔，然後用保鮮膜緊緊包住後，放進冰箱冷藏15分鐘。

11

**用重物壓在塔皮上
放進烤箱以200℃烘烤**

在塔皮內側鋪上烤盤紙，並在上面放重物（如塔類專用石塊、一杯米或小豆子），放進以200℃預熱的烤箱烤15分鐘。

12

**將重物移開
再放進烤箱繼續烘烤**

拿開重物以及烤盤紙，放進烤箱再以相同溫度烤10分鐘。烤好後，連同烤模一起待涼。

裝飾奶油作法

1

製作卡士達奶油

在攪拌盆內倒入蛋黃與細砂糖，用打蛋器攪拌至顏色變白。

2

倒入低筋麵粉一起攪拌

在步驟1倒入低筋麵粉後，用打蛋器攪拌至看不到顆粒。

3

加入溫熱的鮮奶一起拌勻

用鍋子加熱鮮奶至快要沸騰，接著在步驟2中慢慢倒入鮮奶，然後快速攪拌。

4

**以篩子過濾後
倒回鍋內**

使用篩子一邊過濾，一邊將卡士達奶油倒回剛才溫熱鮮奶的鍋子內，使奶油更加柔滑。

5

**開火加熱
攪拌至出現光澤**

接著開中火加熱，以橡皮刮刀（若非耐熱品，可用木杓代替）從鍋底一邊攪拌，使奶油更乾爽，攪拌至出現光澤為止。

6

**關火後，加入奶油、
櫻桃白蘭地一起拌勻**

關火後，倒入奶油與櫻桃白蘭地，一邊用餘溫融化奶油，一邊攪拌均勻。

7

倒入平底淺盤內
放進冰箱冷卻

將卡士達奶油倒入平底淺盤中鋪平，並用保鮮膜緊緊覆蓋奶油表面。盤底則用冰水急速降溫。若非馬上使用，則放入冰箱冷藏。

8

製作奶油霜
與卡士達奶油一起混合均勻

在打蛋盆內倒入P.30的材料B，在盆底一邊以冰水隔水降溫，一邊用手拿式攪拌器打至8分發泡。接著在盆內慢慢倒入卡士達奶油，然後攪拌均勻。

9

在冷卻的塔皮中
倒入奶油霜

在P.33的烤好經冷卻後的塔皮中，倒入步驟8的卡士達奶油，待鋪滿整個塔皮後將奶油刮平。

10

在奶油霜上擺上水果

接著在奶油霜上擺上切好的水果，使配色更豐富。

11

製作果膠用吉利丁液

在耐熱容器中倒入適當份量的水，並倒入吉利丁粉，以微波爐加熱約20秒使之融化。接著加入P.30的材料C，用打蛋器攪拌均勻。

12

在水果塔上的水果塗上果膠

一邊以冰水隔水降溫，一邊攪拌吉利丁液，使之呈膠狀。然後用刷子在步驟10的水果上，塗上果膠以增加光澤。最後再用薄荷葉做裝飾。

apple tarte

前置作業

● 使奶油回溫到室溫,待軟化後備用。

● 裝飾用的奶油先融化備用

● 先將塔皮用的低筋麵粉過篩

● 先將材料B過篩。

● 烘烤前,先將烤箱以200℃預熱。

● 蘋果縱切成四等分,去掉外皮與芯後切成薄片。

作法

1 依照P.32～33基本塔皮作法步驟1～12來製作塔皮,冷卻後備用。

2 製作內餡。在攪拌盆內倒入奶油,以打蛋器攪拌均勻,接著倒入糖粉攪拌至顏色變白。將蛋打散後,分作2～3次倒入盆內一起攪拌均勻。

3 在步驟2中倒入過篩後的材料B與蘭姆酒,用橡皮刮刀攪拌至看不見顆粒。

4 在步驟1的塔皮倒入½的步驟3,並擺滿半數的蘋果片。接著再將剩餘的3倒在蘋果上方,剩餘的蘋果片則以放射狀方式並排在塔上,再用刷子塗上融化的奶油(圖**a**)。

5 將塔放進以180℃預熱的烤箱,烤約45分鐘。烤好後脫模,放在散熱架上待涼。

6 在小鍋子內倒入材料C,一邊開火煮沸,一邊攪拌勻,待煮乾後,用刷子塗在步驟5的表面上。

𝐀rrange

蘋果塔

蘋果塔上鋪有豐富的餡料與蘋果
一起烤得香味四溢

材料(直徑21cm的塔類烤模1個份)

塔皮
奶油(無鹽)…80g
糖粉…40g
A ⌈ 蛋黃…一顆份
 ⌊ 鮮奶…½小匙
低筋麵粉…140g

內餡
奶油(無鹽)…80g
糖粉…80g
蛋…1顆
B ⌈ 杏仁粉…80g
 ⌊ 低筋麵粉…15g
蘭姆酒…1大匙

蘋果…2顆
奶油(無鹽)…30g
C ⌈ 杏仁醬…80g
 ⌊ 水…2大匙

杏仁粉
杏仁經加工所製成的粉末。在烘烤點心中加入一點杏仁粉,味道會更加沉穩香濃。

Arrange

香蕉布丁塔

添加大受歡迎的布丁餡烘烤而成
搭配香甜的香蕉相當對味

前置作業

●使奶油回溫到室溫，待軟化後備用。

●先將低筋麵粉過篩

●烘烤前，先將烤箱以200℃預熱。

材料（直徑21cm的塔類烤模1個份）

塔皮
糖粉…40g
奶油（無鹽）…80g
A「蛋黃…一顆份
 └鮮奶…½小匙
低筋麵粉…140g

內餡
蛋…1顆
蛋黃…1顆份
B「鮮奶…2大匙
 ├鮮奶油…150ml
 └細砂糖…50g

香草油…少許
香蕉…2根

糖粉…少許
薄荷葉…適量

作法

1 依照P.32～33基本塔皮作法步驟1～12來製作塔皮，冷卻後備用。

2 在小鍋子裡倒入材料B開火加熱，用木杓攪拌直到細砂糖完全融化。

3 在攪拌盆內加入蛋與蛋黃，用打蛋器打散，不要打發，接著慢慢倒入步驟2一起攪拌。

4 加入香草油，並用篩子過濾。

5 剝去香蕉外皮，切成寬約1.5cm的片狀，然後鋪在步驟1的塔皮上，再倒入步驟4（圖a），放入以180℃預熱的烤箱內烤約30分鐘，直到表面出現淡淡的焦黃色。※由於香蕉切片後容易變色，最好在烘烤前再切片。

6 烤好的香蕉塔待冷卻後，放進冰箱冷藏約1小時再取出，最後灑上糖粉與薄荷葉即可。

完成時間 **180分鐘**
賞味期限 放在冰箱冷藏2天

bananapudding tarte

a

烤乳酪蛋糕

味道相當濃郁的淡黃色乳酪餡
配上底層酥脆的餅皮,就會產生絕妙的口感變化
更加凸顯蛋糕的美味

材料
(直徑18cm的圓形可脫模式烤模1個份)

乳酪餡
奶油乳酪…250g
酸奶油…100g
細砂糖…70g
蛋…2顆
低筋麵粉…20g

餅皮
全麥餅乾…100g
奶油(無鹽)…40g

全麥餅乾
在麵粉中混合全麥麵粉(全粒粉)所製成
的餅乾。吃起來帶有全麥麵粉特有的香
味,口感相當酥脆且甜味較淡,適合用來
製作法式開胃小菜、壓碎後作成塔皮或
乳酪蛋糕的餅皮。

前置作業

●使奶油乳酪回溫到室溫,待軟
化後備用(圖a)。

●將全麥餅乾放到塑膠袋中,以
擀麵棍壓成碎末備用(圖b)。

●先將奶油融化。

●烘烤前,先將烤箱以170℃預
熱。

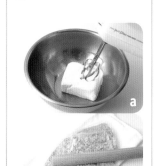

memo 歷史最悠久的點心

乳酪蛋糕是歷史相當悠久的點心,據說早在紀元前1世紀的希臘,就已經
出現以乳酪、麵粉與蜂蜜混合烤成的乳酪蛋糕。乳酪蛋糕經過漫長的歲
月,流傳到各個國家,成為變化多端的乳酪蛋糕的原型。

baked cheesecake

完成時間
65分鐘

賞味期限
放在冰箱
冷藏 3 天

⋮⋮ 烤乳酪蛋糕作法

1

將壓碎的餅乾與奶油混合均勻

將壓碎的全麥餅乾倒入攪拌盆內,並倒入融化的奶油,用橡皮刮刀攪拌均勻。

2

將餅乾屑倒入烤模中壓緊鋪平

將餅乾屑倒入鋪滿烤模,並用手壓緊鋪平。

3

**蓋上保鮮膜後
放到冰箱冷藏硬化**

在烤模上方蓋上一張保鮮膜後,放入冰箱冷藏約15分鐘,使餅皮變硬固定。

4

**將奶油乳酪攪拌成
柔滑的奶霜狀**

在攪拌盆內倒入軟化的奶油乳酪,使用手拿式攪拌器以高速攪拌至呈柔滑的奶霜狀。

5

倒入酸奶油、細砂糖一起拌勻

倒入酸奶油及細砂糖,使用手拿式攪拌器充分攪拌均勻。

6

**將打散的蛋液分作3～4次倒入
一起拌勻**

在別的攪拌盆內將蛋打散,分作3～4次倒入步驟5內,並充分攪拌均勻。

7

**以過篩方式加入低筋麵粉
從底往上翻攪拌勻**

將低筋麵粉篩入後，用橡皮刮刀攪拌
至看不到顆粒。

8

將乳酪餡倒入烤模中

自冰箱內將步驟3鋪有餅皮的烤模取
出，倒入步驟7的乳酪餡。

9

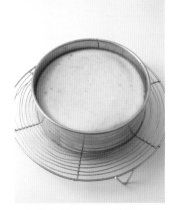

**將烤模輕搖晃動
使表面平整**

將烤模輕輕搖晃，利用搖動使乳酪餡
的表面平整。

10

**放進烤箱以170℃烘烤後，
將整個烤模取出待涼**

然後放進以170℃預熱的烤箱烤40分
鐘，之後將整個烤模取出放在散熱架
上待涼。

11

**待冷卻後，即可將乳酪蛋
糕脫模取出**

待冷卻後，即可用蛋糕刀垂直插入烤
模與蛋糕之間繞一圈，從底部脫模取
出蛋糕。

point

**每加入一種材料
都要攪拌均勻**

作為主體的奶油乳酪必須攪拌至
柔滑狀，之後每加入一種材料都
要充分攪拌乳酪餡，這一點相當
重要。若攪拌不夠均勻，乳酪餡就
會出現顆粒，烤過之後會影響蛋
糕的口感。

舒芙蕾
乳酪蛋糕

口感滑嫩、入口即化的舒芙蕾乳酪蛋糕，
與烤乳酪蛋糕相較之下
清爽的口感為其魅力所在

材料(直徑18cm的圓形烤模1個份)

A 「 奶油乳酪…250g
  └ 奶油(無鹽)…30g

細砂糖…80g
蛋黃…3顆份
玉米澱粉…15g
檸檬汁…1½大匙
蛋白…3顆份

B 「 杏仁醬…60g
  └ 水…2大匙

完成時間
140分鐘

賞味期限
放在冰箱
冷藏3天

Souffle cheesecake

舒芙蕾乳酪蛋糕作法

1

將奶油乳酪與奶油攪拌均勻

將軟化的材料A倒入攪拌盆內，使用手拿式攪拌器攪拌至奶霜狀。

2
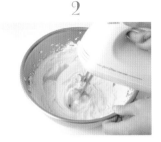

倒入細砂糖及蛋黃一起攪拌

倒入半量（40g）的細砂糖，用手拿式攪拌器攪拌至顏色變白後，再分次加入蛋黃一起拌勻。

3

加入玉米澱粉與檸檬汁一起攪拌

將玉米澱粉篩入攪拌盆內，用橡皮刮刀攪拌拌勻，接著再倒入檸檬汁一起拌勻。

4

將蛋白打發作成蛋白霜

在其他攪拌盆內倒入蛋白，用手拿式攪拌器輕輕攪拌後，再分數次倒入剩餘的細砂糖（40g），繼續打發成硬性發泡。

5

倒入少量蛋白霜與乳酪餡一起攪拌

在步驟3中倒入1/3的步驟4，使用手拿式攪拌器以低速攪拌。這麼一來，倒入剩餘的蛋白霜時很容易就能攪拌均勻。

6

倒入剩下的蛋白霜用橡皮刮刀拌勻

倒入剩餘的步驟3，使用橡皮刮刀從底往上翻攪，避免破壞蛋白霜的泡沫。

7

將乳酪餡倒入烤模中

將步驟6的乳酪餡倒入事先備妥的烤模內，並輕輕搖晃使表面平整。

8

以隔水加熱方式放進烤箱烘烤

在放置步驟7的烤盤中注入熱水，放進以140℃預熱的烤箱蒸烤約60分鐘。

9

立刻撕除型紙使整個烤模冷卻

烤好後，將整個烤模置於散熱架上，並撕除側面的型紙，待冷卻後再將整個烤模放入冰箱冷藏約1小時。接著將材料B煮乾後，大量塗在蛋糕上。

完成時間
200分鐘

賞味期限
放在冰箱
冷藏 **2** 天

rare cheesecake

生乳酪蛋糕

這種乳酪蛋糕不需烘烤，
改用吉利丁幫助凝固。
使用份量幾乎相同的乳酪、
優格及鮮奶油製成，口感相當清爽。

材料
（30cm×30cm烤盤1個份）

乳酪餡
奶油乳酪…250g
細砂糖…80g
┌原味優格…200g
A 檸檬汁…2小匙
└香草精…少許
鮮奶油…200ml
吉利丁粉…5g
冷水…3大匙

餅皮
OREO餅乾…14片
奶油（無鹽）…40g

細葉芹…適量

前置作業

●吉利丁粉先倒入冷水內泡水
備用。

●使奶油乳酪回溫到室溫，待
軟化後備用。

●先將奶油融化。

●將OREO餅乾放到塑膠袋中，
以擀麵棍壓成碎末備用。

OREO餅乾
為夾有奶油霜的招牌可可口味餅
乾。這種餅乾亦可用來製作冰品
的冰淇淋餅乾或是巧克力，非常
適合與點心搭配使用。

:::生乳酪蛋糕作法

1

**將壓碎的餅乾與融化的
奶油混合均勻**

將壓碎的OREO餅乾倒入攪拌盆內，並倒入融化的奶油，用橡皮刮刀攪拌均勻。

2

**將餅乾屑倒入烤模中，
平均地壓緊鋪平**

將餅乾屑倒入圓形（可脫模式）烤模，並用湯匙背面平均壓緊成厚度均等的餅皮。接著在烤模蓋上一張保鮮膜，放進冰箱冷藏硬化。

3

**將奶油乳酪攪拌成
柔滑的奶霜狀**

在攪拌盆內倒入軟化的奶油乳酪，使用手拿式攪拌器以高速攪拌成柔滑的奶霜狀。

4

倒入細砂糖及材料A一起拌勻

倒入細砂糖後，用手拿式攪拌器攪拌至顏色變白。接著再倒入材料A，充分拌勻。

5

倒入一半的鮮奶油一起攪拌

加入一半（100ml）的鮮奶油，使用手拿式攪拌器以低速拌勻。

6

**將鮮奶油加熱
倒入吉利丁攪拌至融化**

在小鍋子中倒入剩下一半的鮮奶油，待溫熱後即熄火，加入泡水的吉利丁攪拌至完全融化。

7

**在乳酪餡中倒入
鮮奶油吉利丁液**

在步驟5中一邊倒入步驟6，一邊用手拿式攪拌器以低速充分攪拌。

8

**用篩子過濾
使乳酪餡更柔滑**

將乳酪餡用篩子過濾到另一個攪拌盆內，使乳酪餡更柔滑。

9

將乳酪餡倒入烤模中凝固

將步驟8倒入從冰箱拿出步驟2的烤模中，並輕搖烤模使表面平整，接著放到冰箱內冷藏3小時以使之凝固。之後即可脫模放到容器上，並擺上細葉芹做裝飾。

fruit poundcake

完成時間 **80分鐘**

賞味期限 放在冰箱 冷藏 4 天

Basic

水果磅蛋糕

這種含大量奶油烘烤而成的紮實蛋糕,其樸素的味道、質感,只需放進烤箱烘烤即可輕鬆完成,讓人隨時隨地都想動手烘培。

材料(20×7.5×7.5cm的磅蛋糕烤模1個份)

奶油(無鹽)…150g
上白糖…150g
蛋…3顆

A 「低筋麵粉…150g
  └ 泡打粉…1小匙

蘭姆酒漬什錦果乾
 (含葡萄乾等)…120g
蘭姆酒…1½大匙

前置作業

● 使奶油回溫到室溫,待軟化後備用。

● 將材料A事先過篩。

● 在烤盤上塗上奶油(份量之外)後,再鋪上型紙或符合烤模大小的烤盤紙。

● 烘烤前,先將烤箱以180℃預熱。

46

水果磅蛋糕作法

1

將奶油攪拌成柔滑的奶霜狀

在攪拌盆內倒入軟化的奶油,用手拿式攪拌器以高速攪拌成柔滑的奶霜狀。

2

倒入上白糖一起拌勻

倒入上白糖後,繼續攪拌至顏色變白,使奶霜充滿空氣。

3

將打散的蛋液分作數次加入充分混合均勻

在另一個攪拌盆內將蛋打散成蛋液,並分成數次倒入奶霜中,充分混合均勻。

4

倒入粉類充分攪拌

將材料A倒入攪拌盆內,只留下少量備用,用橡皮刮刀以切半法翻攪至看不見顆粒。

5

加入蘭姆酒漬什錦果乾一起攪拌

接著在剩餘的材料A中倒入蘭姆酒漬什錦果乾一起攪拌後,再加入步驟4中,用橡皮刮刀從底往上翻攪混合。

6

倒入烤模中

將麵糊倒入事先備妥的烤模中,並將麵糊鋪平。

7

用橡皮刮刀在麵糊中央劃一條線

用橡皮刮刀在步驟6的麵糊中央劃一條線,使中央凹陷。

8

去除麵糊中多餘的空氣後放進烤箱烘烤

將烤模輕輕拿起,在鋪有溼抹布的桌面輕摔,以去除麵糊中多餘的空氣。接著放到烤盤上,放進以180℃預熱的烤箱烤約45～55分鐘。

9

脫模後待涼

以竹籤刺穿後沒有沾黏麵糊,即烘烤完成。將蛋糕連同型紙整個脫模後,放在散熱架上,趁熱用刷子塗上蘭姆酒。

核果磅蛋糕

以焦糖燉煮的核果香味四溢
使蛋糕不論是在外觀上、味道上更加升級

材料（20×7.5×7.5cm的磅蛋糕烤模1個份）

奶油（無鹽）…110g
三溫糖…100g
蛋…3顆

A
低筋麵粉…100g
肉桂粉、肉荳蔻粉
…各⅓小匙
泡打粉…1小匙

B
細砂糖…40g
水…3大匙

C
核桃、松果、
南瓜子、杏仁、
洋李乾等…150g

完成時間
80分鐘

賞味期限
放在冰箱
冷藏4天

nuts poundcake

前置作業

●使奶油回溫到室溫，待軟化後備用。

●將材料A事先過篩。

●在烤盤上塗上奶油（份量之外）後，再鋪上型紙或符合烤模大小的烤盤紙。

●將材料C中的食材各自準備半量後切碎。

●烘烤前，先將烤箱以180℃預熱。

作法

1 在平底鍋倒入材料B，開火煮至冒出細小泡沫後，倒入一半末切碎的材料C以及10g的奶油，拌煮至略帶焦糖色後（圖a），倒入烤模底部鋪平。

2 依照P.47水果磅蛋糕作法的步驟1～4，替換材料來製作麵糊。

3 在步驟2倒入材料C，從底往上翻攪均勻後，倒入步驟1的烤模內並鋪平。

4 將烤模往鋪有溼抹布的桌上輕摔2～3次，以去除多餘的空氣，接著放進以180℃預熱的烤箱烤45～55分鐘。烤好後，將蛋糕脫模倒扣，使之冷卻。

lemonglazed poundcake

完成時間 **90分鐘**
賞味期限 **放在冰箱冷藏4天**

前置作業

- 使奶油回溫到室溫，待軟化後備用。
- 將材料A事先過篩。
- 取半量檸檬皮切絲，剩餘的則磨成泥狀備用。
- 在烤盤上塗上奶油（份量之外）後，再鋪上型紙或符合烤模大小的烤盤紙。
- 烘烤前，先將烤箱以180℃預熱。

作法

1 依照P.47水果磅蛋糕作法的步驟1～4來製作麵糊。

2 在步驟1添加檸檬皮泥一起攪拌（圖**a**）。

3 將步驟2倒入事先備妥的烤模內，將麵糊鋪平，並用橡皮刮刀在麵糊中央劃一條線。

4 將烤模往鋪有溼抹布的桌上輕摔2～3次，以去除麵糊中多餘的空氣。

5 將烤模放進以180℃預熱的烤箱烤45～50分鐘。烤好後，抓住型紙的上端將蛋糕脫模，放在散熱架上待涼。

6 在打蛋盆內倒入材料B，用打蛋器攪拌至糖粉完全溶解後，用湯匙在蛋糕上淋上大量糖漿（圖**b**）。最後以檸檬皮絲、含羞草做裝飾，並擺上細葉芹。

$\mathcal{A}$rrange

檸檬
磅蛋糕

這是一道在帶有檸檬風味的磅蛋糕上淋上大量檸檬口味的糖衣做裝飾的蛋糕

材料（20×7.5×7.5cm的磅蛋糕烤模1個份）

磅蛋糕

奶油（無鹽）…150g
上白糖…150g
蛋…3顆
A「低筋麵粉…150g
 └泡打粉…1小匙
檸檬皮…½顆份

裝飾

B「糖粉…70g
 └檸檬汁…1大匙
含羞草（裝飾用糖花）…適量
細葉芹…適量

decoration muffin

Basic

花式瑪芬

先製作樸素的基本瑪芬蛋糕
然後再用彩色奶油霜與糖花做裝飾

材料（直徑6cm的瑪芬烤模6個份）

瑪芬蛋糕
奶油（無鹽）…80g
上白糖…80g
蛋…1顆
┌ 低筋麵粉…140g
A
└ 泡打粉…1小匙
鮮奶…1大匙

三色奶油霜
鮮奶油…180ml
細砂糖…1大匙
水溶性食用色素（紅）、
點心專用抹茶粉…各少許
銀粉、糖漬玫瑰花瓣、
含羞草等…各適量

::花式瑪芬的作法

1

將奶油攪拌成柔滑的奶霜狀

製作基本瑪芬蛋糕。先在攪拌盆內倒入奶油，用手拿式攪拌器以高速攪拌成柔滑的奶霜狀。

2

**倒入上白糖
攪拌至顏色變白**

在步驟1中加入上白糖，攪拌至顏色變白，使奶霜充滿空氣。

3

**將蛋分成數次倒入
一起充分攪拌**

將蛋打散成蛋液，分作3～4次倒入步驟2中，用手拿式攪拌器充分攪拌均勻。

4

倒入一半的粉類一起攪拌

在步驟3中倒入一半的材料A，用橡皮刮刀翻攪至只看得到些許顆粒。

5

加入鮮奶一起充分攪拌

在步驟4中倒入鮮奶，用橡皮刮刀混合成容易攪拌的麵團。

6

**倒入剩下一半的粉類
充分拌勻**

在步驟5中加入剩下一半的材料A，用橡皮刮刀攪拌至看不見顆粒。

7

**將麵糊倒入烤模中，
放入烤箱以180℃烘烤**

將步驟6的麵糊以湯匙平均舀進準備好的烤模中，並刮平表面，再放進以180℃預熱的烤箱中烤20分鐘。

8

將三色奶油霜打發

將鮮奶油分作3等分倒入3個打蛋盆內，並分別加入1小匙細砂糖，其中一個打蛋盆內加入水溶性食用色素，另一個打蛋盆內加入抹茶粉，這三個打蛋盆分別使用打蛋器，以冰水隔水降溫的方式打至8分發泡。

9

**在烤好冷卻後的瑪芬
上面擠上奶油**

將步驟7烤好的瑪芬脫模後，放在散熱架上冷卻，接著將步驟8倒入裝上喜愛花樣擠花嘴的擠花袋內，在瑪芬上擠出奶油花，並依個人喜好加上銀粉等糖花做裝飾。

cocopine muffin

完成時間 **35分鐘**

賞味期限 放在冰箱冷藏**4天**

材料
(直徑6cm的瑪芬烤模6個份)

奶油（無鹽）…80g

上白糖…80g

蛋…1顆

A ┌ 低筋麵粉…140g
　└ 泡打粉…1小匙

B ┌ 鳳梨（罐頭）…5片
　│ 椰子粉…40g
　└ 鮮奶…1大匙

前置作業

● 使奶油回溫到室溫，待軟化後備用。

● 將材料A事先過篩。

● 鳳梨片瀝乾水份後，一片切成8等分。

● 烘烤前，先將烤箱以180℃預熱。

作法

1 依照P.51花式瑪芬作法的步驟1～3進行製作。

2 在步驟1加入一半的材料A攪拌均勻，接著再倒入材料B一起攪拌（**圖a**）。

3 在步驟2中倒入剩下一半的材料A，攪拌至看不見顆粒。

4 用湯匙將步驟3平均分裝至瑪芬杯中，接著放進以180℃預熱的烤箱烤約20分鐘。烤好後，放到散熱架上待涼。

Arrange

椰香鳳梨瑪芬

這是由椰子與鳳梨交織而成
帶有亞洲風味的一道甜點

a

Arrange

雙莓瑪芬

紅與紫的雙色莓果
為視覺與味覺增色不少

berry berry muffin

完成時間 **35**分鐘

賞味期限 放在冰箱 冷藏 **3** 天

材料
（直徑6cm的瑪芬烤模6個份）

奶油（無鹽）…80g

上白糖…80g

蛋…1顆

A ┌ 低筋麵粉…140g
　└ 泡打粉…1小匙

B ┌ 藍莓…30g
　│ 覆盆子…40g
　└ 優格…1大匙

前置作業

● 使奶油回溫到室溫，待軟化後備用。

● 將材料A事先過篩。

● 在烤模上鋪上紙杯。

● 烘烤前，先將烤箱以180℃預熱。

作法

1 依照P.51花式瑪芬作法的步驟1～3進行製作。

2 在步驟1加入一半的材料A攪拌均勻，接著再倒入材料B一起攪拌（圖a）。

3 在步驟2中倒入剩下一半的材料A，攪拌至看不見顆粒。

4 用湯匙將步驟3平均分裝至瑪芬杯中，接著放進以180℃預熱的烤箱烤約20分鐘。烤好後，放到散熱架上待涼。

a

瑪德蓮貝殼蛋糕

自古以來，這道形狀有如貝殼般的招牌蛋糕，
外形雖然小巧，卻含有大量的奶油
請細細品嚐這紮實而奢華的美味

材料
（瑪德蓮貝殼蛋糕烤模9～12個份）

A
蛋…2顆
上白糖…80g
檸檬皮泥…½顆份
蜂蜜…1大匙

B
低筋麵粉…100g
泡打粉…½小匙
奶油（無鹽）…100g

前置作業

●先將奶油融化後備用。

●將材料B事先過篩。

●在烤模內塗上奶油（份量之外）後，灑上高筋麵粉（份量之外），並拍掉多餘的麵粉。

●烘烤前，先將烤箱以180℃預熱。

madeleine

完成時間
60分鐘

賞味期限
室溫保存
3天

⋮瑪德蓮貝殼蛋糕作法

1

將蛋、上白糖、檸檬皮、蜂蜜混合均勻

在攪拌盆內倒入材料A，用打蛋器攪拌至糊狀。

2

將粉類以過篩方式加入盆內

將材料B再次以過篩方式加入，這麼一來粉末會更細緻，也更容易攪拌均勻。

3

用橡皮刮刀從底往上翻攪均勻

使用橡皮刮刀，將步驟2以從底往上翻攪的方式攪拌至看不見顆粒。

4

倒入融化的奶油充分拌勻

用橡皮刮刀將融化的奶油均勻撒在步驟3上，然後充分拌勻。

5

蓋上保鮮膜放到冰箱冷藏

在步驟4的攪拌盆上蓋上保鮮膜後，放入冰箱冷藏約30分鐘。麵糊經過冷藏，烤起來會更蓬鬆，口感也會更紮實。

6

將麵糊倒入烤模中

使用湯匙將步驟5的麵糊舀進準備好的烤模中，約倒8分滿。

7

輕敲烤模以去除麵糊內多餘的空氣

將步驟6往鋪有溼抹布的桌上輕摔幾次，以去除麵糊中多餘的空氣。

8

放進烤箱以180℃烤12分鐘

將步驟7放進以180℃預熱的烤箱烤12分鐘。

9

脫模後待涼

烤好的蛋糕趁熱脫模，放在散熱架上待涼。

financier

完成時間 **35分鐘**

賞味期限 室溫保存 **3天**

費南雪 · 抹茶費南雪

洋溢著杏仁粉與奶油烤焦的濃郁香味，是這道點心的主要特徵。
只要遵照作法的每個步驟製作，就會加倍美味。

材料（費南雪烤模12個份）

蛋白⋯3顆份

A ⌈ 細砂糖⋯85g
　 └ 蜂蜜⋯25g

B ⌈ 麵粉⋯50g
　 └ 杏仁粉⋯50g

奶油⋯120g

點心專用抹茶粉⋯1小匙

甜納豆（小豆）⋯1½大匙

前置作業

●將材料B事先過篩。

●在烤模上塗上奶油（份量之外）後，再灑上高筋麵粉（份量之外），並拍掉多餘的麵粉。

●烘烤前，先將烤箱以180℃預熱。

費南雪‧抹茶費南雪作法

1

**將蛋白、細砂糖、
蜂蜜攪拌均勻**

在攪拌盆內倒入蛋白,輕輕攪散後加入材料A,用打蛋器攪拌至糊狀。為了讓烤出的成品表面平坦,因此蛋不需打發。

2

加入粉類一起攪拌

在步驟1再次過篩加入材料B,用打蛋器充分攪拌均勻。

3

將奶油加熱慢慢煮融

將奶油放進小鍋子內,以小火加熱煮融,直到奶油顏色變成芳香的淡褐色。小心不要煮焦了。

4

關火使奶油定色

待步驟3變色後即可關火,放在溼抹布上待涼,使奶油定色。

5

**倒入融化奶油的清澄部份
一起攪拌**

在步驟2的麵糊中慢慢滴入步驟4奶油的清澄部份,用打蛋器攪拌均勻。

6

**將麵糊倒入烤模
並去除麵糊內多餘的空氣**

將一半的麵糊倒入準備好的烤模內,約倒9分滿,接著將烤模往鋪有溼抹布的桌上輕敲幾下,以去除麵糊中多餘的空氣。

7

**在剩下一半的麵糊內倒入
抹茶與甜納豆**

剩下一半的麵糊則用篩子篩入抹茶粉,用打蛋器充分攪拌均勻,接著倒入甜納豆,與步驟6一樣倒入烤模內,並去除麵糊中多餘的空氣。

8

放進烤箱以180℃烤約13分鐘

將步驟6、7分別放進以180℃預熱的烤箱烤約13分鐘,烤至金黃色。

9

脫模後待涼

烤好後,趁熱脫模倒扣在散熱架上待涼。

司康餅

司康的口感獨特,介於小餅乾與派之間,
不但適合當作下午茶享用,
也非常適合取代正餐來食用

材料(直徑5.5cm的圓形烤模9〜10個份)

A
- 低筋麵粉…200g
- 泡打粉…1小匙
- 鹽…⅓小匙
- 細砂糖…30g
奶油(無鹽)…70g

B
- 蛋黃…1顆份
- 鮮奶…90ml

增添光澤用的鮮奶、細砂糖…各適量
個人喜好的奶油霜、果醬…各適量

前置作業

●將奶油切成寬1cm的方塊,未使用前請放在冰箱冷藏。

●在烤盤鋪上烤盤紙。

●烘烤前,先將烤箱以180℃預熱。

scone

完成時間 **65分鐘**

賞味期限 室溫保存 2天

▓▓ 司康餅作法

1

將粉類、鹽、細砂糖一起過篩

在攪拌盆內將材料A一起過篩。

2

**加入奶油，
用刮板切碎**

在步驟1的中央放入奶油，用刮板將奶油切碎。

3

將奶油與粉類攪拌均勻

用刮板將步驟2切碎的奶油與粉類一起攪拌均勻。

4

加入蛋黃與鮮奶混合液

在步驟3倒入混合好的材料B，用刮板攪拌成麵團，不要用揉捏的方式。

5

用擀麵棍擀成厚2.5㎝的麵皮

在擀麵台與擀麵棍上灑上適量（份量之外）作為手粉之用的高筋麵粉，用擀麵棍將步驟4的麵團擀成厚度2.5cm的麵皮。

6

**用保鮮膜包住
放進冰箱冷藏**

用手將步驟5的麵團調整形狀，用保鮮膜包住後放進冰箱冷藏約30分鐘。

7

用圓形刻模刻出造型

將步驟6的麵團放在灑上乾粉的擀麵台上，使用灑上乾粉的圓形刻模刻出造型，約9～10個。若麵團不夠用，則將麵團重新揉過，擀成厚度約2.5cm的麵皮後，再繼續刻出造型。

8

表面塗上鮮奶

將步驟7擺在準備好的烤盤上，表面用刷子塗上增添光澤用的鮮奶。

9

**灑上細砂糖後
放進烤箱烘烤**

在步驟8上灑上細砂糖，放進以180℃預熱的烤箱烤約16分鐘，烤好後可依照個人喜好趁熱塗上奶油霜或果醬食用。

fruit granola scone

完成時間	賞味期限
65分鐘	室溫保存 **2天**

前置作業

● 將奶油切成寬1cm的方塊，使用前請放在冰箱冷藏。

● 在烤盤鋪上烤盤紙。

● 烘烤前，先將烤箱以180℃預熱。

作法

1 依照P.59司康餅的作法步驟1～3進行製作。

2 在步驟1的攪拌盆內加入材料B（圖**a**）後攪拌成麵團，不要用揉捏的方式。

3 在擀麵台上灑上適量（份量之外）作為手粉之用的高筋麵粉，用擀麵棍將步驟2擀成厚2.5cm的麵皮，用手調整形狀後以保鮮膜包起來，放到冰箱冷藏約30分鐘。

4 將步驟3的麵團置於灑上乾粉的擀麵台上，用灑上乾粉的圓形刻模刻出約9～10個圓形。若麵團不夠用，則將麵團重新揉過，擀成厚度約2.5cm的麵皮後，再繼續刻出造型。

5 將步驟4擺在烤盤上，表面塗上增添光澤用的鮮奶，並灑上細砂糖，最後再擺上裝飾用的什錦果麥。

6 將步驟5放進以180℃預熱的烤箱烤16分鐘，烤好後可依照個人喜好趁熱塗上奶油等食用。

Arrange

什錦果麥司康

添加什錦果麥
變化出香脆有嚼勁的口感

材料(直徑5.5cm的圓形刻模9～10個份)

A	
低筋麵粉…200g	
泡打粉…1小匙	
鹽…1/3小匙	
細砂糖…30g	

奶油（無鹽）…70g

B	
什錦果麥…10g	
蛋黃…1顆份	
鮮奶…90ml	

增添光澤用的鮮奶、
細砂糖…各適量
什錦果麥（裝飾用）…10g
奶油…適量

什錦果麥
在穀物麥片中添加什錦果乾所製成的食品。添加什錦果乾，能增添豐富的口感與嚼勁。

PART 2

適合送禮的
巧克力甜點

本單元除了介紹正統的巧克力之外，
同時也會介紹種類變化多端的巧克力蛋糕、
含大量巧克力的餅乾以及巧克力塔。
完成了既可愛又美味的巧克力點心，
不妨送給親朋好友品嚐吧！

巧克力蛋糕

這款蛋糕最大的特點是，不僅含有可可，並添加大量巧克力增添濃厚口感。
在宴會蛋糕當中屬於不加任何裝飾，
可細細品嚐其美味的蛋糕

材料（直徑18cm的圓形烤模1個份）

苦甜巧克力…100g
奶油（無鹽）…80g
蛋黃…4顆份
蛋白…3顆份
細砂糖…85g
鮮奶油…80ml
A「低筋麵粉…25g
 └可可粉…60g
細砂糖…85g

糖粉…適量
鮮奶油…100ml

前置作業

● 先將巧克力切碎後備用（圖a）。

● 蛋白先放在冰箱冷藏。

● 將材料A事先過篩（圖b）。

● 在烤盤上塗上奶油，並鋪上型紙或烤盤紙。

● 烘烤前，先將烤箱以180℃預熱。

wrapping idea

用透明的玻璃紙來包裝，使內容物清晰可見

將烤好的蛋糕連同烤模放在藤盤上，用透明的玻璃紙包裝起來。將打發的鮮奶油裝進附蓋的容器中，糖粉則裝進濾袋，方便依照個人喜好來裝飾蛋糕。

完成時間
100分鐘

賞味期限
室溫保存
3天

gateau chocolat

∷ 巧克力蛋糕作法

1

**將巧克力與奶油以
隔水加熱方式攪拌均勻**

在攪拌盆內加入巧克力與奶油,以隔水加熱方式用橡皮刮刀攪拌至融化,並繼續隔水加熱。

2

將蛋黃與細砂糖攪拌均勻

在另一個攪拌盆內倒入蛋黃與細砂糖,以隔水加熱方式,用手拿式攪拌器以高速攪拌至顏色變白。

3

**在巧克力液中將蛋液
分作二次加入拌勻**

在步驟1的攪拌盆內,將步驟2分作二次加入,用手拿式攪拌器以低速攪拌均勻。

4

倒入溫熱的鮮奶油一起攪拌

鮮奶油以隔水加熱方式加熱至與皮膚溫度相同後,在步驟3的打蛋盆內倒入一半的鮮奶油拌勻,接著再倒入剩下一半充分拌勻。

5

加入已過篩的粉類一起攪拌

加入已經過篩的P.62材料A,用打蛋器攪拌至麵糊出現光澤。

6

**將蛋白打發
製作蛋白霜**

在另一個攪拌盆內將蛋白打發。將細砂糖分作3次加入,打成硬性發泡,完成結實的蛋白霜後,改以低速繼續攪拌1分鐘,使蛋白霜更細緻。

7

在基本麵糊中加入蛋白霜

在步驟5的麵糊中倒入1/3量的蛋白霜,用打蛋器充分攪拌。為了讓剩下的蛋白霜更容易與麵糊混合均勻,可儘管用力攪拌。

8

倒入剩下的蛋白霜

將剩下的蛋白霜(倒入前再次使用手拿式攪拌器調整細緻度)分作2次倒入,這次改用橡皮刮刀從底往上翻攪均勻。

9

**倒入烤模中
刮平表面**

將步驟8倒入準備好的烤模中,用橡皮刮刀刮平表面。注意不要壓得太緊。然後放進以180℃預熱得烤箱烤45～50分鐘。

10

**烤好之前
用竹籤確認烘烤情況**

烤好前,先用竹籤刺穿確認蛋糕的烘烤情況。若沾黏不少麵糊,代表烤得恰到好處;相反地,若沒有沾黏麵糊則是烤過頭。

11

**脫模後
撕除型紙待涼**

烤好後的蛋糕趁熱脫模,並撕除型紙,放到散熱架上待涼。待冷卻後,即可灑上糖粉,依照個人喜好添加打至6分發泡的奶油霜做裝飾。

point

**倒入少量材料一起攪拌
製作容易攪拌均勻的麵糊**

製作麵糊時,最重要的一點就是添加不同性質的材料。剛開始時先倒入少量材料充分拌勻,製作容易攪拌的麵糊後,再倒入剩下的材料攪拌均勻,如此可避免材料分離或是攪拌過度。

布朗尼

這款隨性的巧克力蛋糕
只需將麵糊倒入烤盤放進烤箱烘烤即成
味道卻相當正統道地

材料(30×30cm的烤盤1個份)

市售巧克力板（苦味）···200g
鮮奶油···100ml
奶油（無鹽）···150g
蛋···3顆
三溫糖···80g
A ┌ 可可粉···20g
  └ 低筋麵粉···80g
核桃···150g

前置作業

●將奶油切成6等分的塊狀，放在室溫下軟化備用。

●先將巧克力切碎後備用。

●將核桃放在鋪有烤盤紙的烤盤上，放進烤箱以160℃烤10分鐘後，切碎備用。

●將材料A事先過篩。

●在烤盤上鋪上烤盤紙。

●烘烤前，先將烤箱以170℃預熱。

brownie

完成時間
35分鐘

賞味期限
室溫保存
4天

布朗尼蛋糕作法

1

**巧克力與鮮奶油以
隔水加熱方式攪拌**

在攪拌盆內倒入巧克力與鮮奶油，以
隔水加熱方式一邊使巧克力融化，一
邊攪拌均勻。

2

加入奶油一起攪拌

將步驟1的熱水移開後加入奶油，利
用餘溫使奶油融化，並用打蛋器充分
拌勻。

3

倒入蛋液一起拌勻

在另一個攪拌盆內將蛋打散，倒入三
溫糖後用打蛋器攪拌至顏色變白，接
著倒入步驟2內充分攪拌均勻。

4

加入粉類攪拌均勻

將材料A再次過篩加入，並用橡皮刮
刀用力從底往上翻攪拌勻。

5

**混入核桃後
倒入烤盤中**

加入核桃一起攪拌後，將麵糊倒入準
備好的烤盤內，並用刮板刮平表面。

6

**放進烤箱烘烤
並用竹籤確認烘烤情況**

放進以170℃預熱的烤箱烤20～25
分鐘。烤好前，先將烤盤拉出用竹籤
刺穿，若沒有沾黏麵糊即大功告成。

7

從烤盤脫模後待涼

烤好後，將蛋糕趁熱脫模，放到散熱
架上待涼。待冷卻後，即可撕除烤盤
紙切塊。

wrapping idea

直接用包裝紙包裝

將布朗尼依照個人喜好切成適當大小，並
隨意用包裝紙直接包裝，再以緞帶或紙繩
綁起來。若擔心油脂滲透包裝紙的話，可
先將布朗尼用烤盤紙或蠟紙包好即可。

fondant chocolat

 完成時間
30分鐘

 賞味期限
放在冰箱
冷藏2天

Basic

熔漿
巧克力蛋糕

切開後緩緩流出的濃稠內餡
是蛋糕美味的魅力所在

材料(80ml的布丁烤模5個份)

苦甜巧克力…100g

奶油（無鹽）…80g

蛋…2顆

細砂糖…50g

低筋麵粉…40g

可可粉…適量

覆盆子、藍莓、薄荷葉…適量

前置作業

●先將巧克力切碎後備用。

●低筋麵粉事先過篩。

●在布丁烤模上塗上奶油（份量之外），並灑上薄薄一層高筋麵粉（份量之外）。

●烘烤前，先將烤箱以180℃預熱。

68

■ 熔漿巧克力蛋糕作法

1

**將巧克力與奶油以
隔水加熱方式融化**

在攪拌盆內倒入巧克力與奶油,以隔
水加熱方式融化,並攪拌均勻。

2

將蛋與細砂糖一起攪拌

在另一個攪拌盆內倒入蛋與細砂糖,
用手拿式攪拌器以高速打發至攪拌
器一舉起來會牽絲的程度。

3

在巧克力糊中倒入蛋液

倒入步驟1的巧克力糊,用手拿式攪
拌器以低速攪拌均勻。

4

**倒入低筋麵粉
充分攪拌均勻**

在步驟3加入低筋麵粉,用橡皮刮刀
充分攪拌至看不到顆粒為止。

5

**將麵糊倒入烤模中
放進烤箱烘烤**

將步驟4的麵糊倒進準備好的布丁烤
模內,約至7分滿,接著放進以180℃
預熱的烤箱烤8～9分鐘。

6

脫模後用容器盛裝

烤好後,待冷卻即可脫模,用容器盛
裝。最後再灑上可可粉,用覆盆子、
藍莓以及薄荷葉做裝飾。

wrapping idea

用馬克杯取代烤杯

熔漿巧克力蛋糕可以用耐熱性強的馬克杯來取
代烤模,烤好後放到毛氈或包裝紙上,再用透
明的玻璃紙包裝起來。最後用緞帶綁上用完可
丟的木匙,如此一來就能立即食用,相當方便。

完成時間 **80分鐘**

賞味期限 放在冰箱 冷藏 **3** 天

Basic

沙河蛋糕

這是在烤好的巧克力海綿蛋糕上
裹上甘那許醬以及巧克力外衣製成的高難度蛋糕。

材料(直徑18cm的圓形烤模1個份)

海綿蛋糕
蛋…3顆
細砂糖…90g
A ┌ 低筋麵粉…80g
  └ 可可粉…10g
B ┌ 奶油（無鹽）…20g
  └ 鮮奶…1大匙

糖漿
C ┌ 細砂糖…50g
  └ 水…100ml
橘子酒（或蘭姆酒）…1大匙
杏仁醬…3大匙

甘那許醬
苦甜巧克力…250g
鮮奶油…250ml

巧克力外衣
苦甜巧克力…130g
D ┌ 細砂糖…60g
  └ 水…60ml
可可粉…20g
鮮奶油…150ml
沙拉油…1⅓大匙

前置作業

●依照P.10～11基本海綿蛋糕的作法步驟1～11，將低筋麵粉替換為材料A來製作可可海綿蛋糕，並橫切為二片。

●依照P.12裝飾奶油的作法步驟1～2，將櫻桃白蘭地替換為橘子酒來製作。※不喜酒味者也可以不加。

●先將所需巧克力切碎後備用。

沙河蛋糕作法

1

將巧克力與鮮奶油攪拌均勻

製作甘那許醬。先將鮮奶油加熱至快沸騰,接著在攪拌盆內加入切碎的巧克力,用橡皮刮刀攪拌至完全融化。

2

用手拿式攪拌器打發

將步驟1置於室溫下,待冷卻後,用手拿式攪拌器以中速打成柔滑的奶油霜,然後放進冰箱冷藏。

3

在可可海綿蛋糕上塗上奶油霜

在橫切為二片的海綿蛋糕切面上,依序塗上糖漿、杏仁醬以及步驟2,再將剩下一片蛋糕疊在上方,整個塗上糖漿、杏仁醬及步驟2後冷藏。

4

**製作糖漿
加入可可粉**

製作巧克力外衣。在鍋內倒入材料D後加熱,待細砂糖溶化後加入可可粉,用打蛋器快速攪拌均勻。

5

**倒入鮮奶油
用小篩子過濾**

在步驟4內加入鮮奶油,在快煮沸前關火,接著用小篩子過濾至裝有切碎的巧克力的攪拌盆內,用橡皮刮刀攪拌均勻。

6

加入沙拉油一起攪拌

在步驟5加入沙拉油,攪拌至完全均勻後,使之稍微冷卻(約降至30℃為基準)。

7

在蛋糕上淋上巧克力外衣

將步驟3的蛋糕移到散熱架上,將步驟6來回均勻淋在蛋糕上,最後抹平表面後,放進冰箱冷藏。

wrapping idea

將四方形紙箱倒過來運用

欲包裝宴會蛋糕時,若沒有準備蛋糕專用的盒子,也可利用大小符合的盒子來包裝。只要將蛋糕裝在高度較淺的盒蓋中,再蓋上箱體後即可收納。亦可使用蕾絲紙巾取代包裝紙來包裝。

聖誕木柴蛋糕

在烤好的可可蛋糕捲上用巧克力奶油裝飾點綴
為聖誕節常見的節慶蛋糕

前置作業
●依照P.18～19基本蛋糕捲的作法步驟1～11，將低筋麵粉替換為材料A來製作可可蛋糕捲。

●依照P.12裝飾奶油的作法步驟1～2，將櫻桃白蘭地替換為蘭姆酒來製作糖漿。※不喜酒味者也可以不加蘭姆酒。

材料（30×30cm的烤盤1個份）

可可蛋糕捲
蛋…5顆
上白糖…90g
「 低筋麵粉…60g
A
「 可可粉…20g
鮮奶…3大匙

糖漿
「 細砂糖…30g
B
「 水…4大匙
蘭姆酒…1大匙

奶油霜
「 鮮奶油…200ml
C
「 細砂糖…1小匙
巧克力糖漿…3大匙
點心專用抹茶粉…少許
可可粉…適量

完成時間
90分鐘

賞味期限
放在冰箱
冷藏2天

buche de noel

聖誕木柴蛋糕作法

1

**將鮮奶油打發
製作奶油霜**

在攪拌盆內倒入材料C，一邊以冰水隔水降溫，一邊用手拿式攪拌器打至7分發泡，然後挖一大匙作為裝飾用奶油霜，其餘則加入巧克力糖漿打至8分發泡。

2

**在可可蛋糕捲蛋糕體上
塗抹奶油霜**

將烤好後的蛋糕捲蛋糕體的邊緣以斜切方式切掉後，塗上糖漿，接著用抹刀取一半的步驟1塗滿整片蛋糕。

3

將可可蛋糕捲蛋糕體捲起

將步驟2連同烤盤紙一邊往上抬，一邊開始捲，捲到蛋糕體邊緣斜切部份為止，然後放進冰箱冷藏30分鐘以上。

4
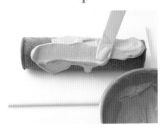

在蛋糕捲表面塗上裝飾奶油霜

從冰箱拿出步驟3後，先撕除烤盤紙，接著將步驟2剩下的奶油霜塗在蛋糕捲表面上。

5

**在末端切一塊蛋糕
橫擺在蛋糕捲上**

將蛋糕捲的其中一端切下一薄片，並從另一端切下適當厚度的蛋糕，橫放在蛋糕捲上。

6

用叉子劃出樹紋圖案

用叉子在奶油霜上劃出痕跡，加上木紋圖案，接著用小篩子撒上可可粉。

7

用混入抹茶粉的奶油霜

在步驟1事先預留的奶油霜中加入抹茶粉一起攪拌，並用號角型袋（或是在擠花袋上裝上極細的擠花嘴）擠出藤蔓的圖案。

wrapping idea

放入利用剪刀與凹折方式作成的紙盒

使用瓦楞紙（可隨意彎曲的紙），以手工作出適合蛋糕大小的紙盒。這種紙盒只需利用剪刀以及折出摺痕即可輕鬆完成，最後再綁上緞帶或繩子即可。

fresh chocolate

完成時間 **70**分鐘

賞味期限 放在冰箱 冷藏 **4** 天

B asic

巧克力石磚

巧克力入口即化
盡情享受這濃厚又柔滑的口感

材料(11×14cm的盛裝盒1個)

牛奶巧克力…130g
苦甜巧克力…30g
「鮮奶油…85ml
A
└蜂蜜…1大匙
奶油（無鹽）…5g
可可粉…適量

前置作業

●所需巧克力切碎後一起倒入
同一個打蛋盆內備用。

●在盛裝盒內鋪上大小合適的
烤盤紙。

⠿ 巧克力石磚作法

1

在巧克力中倒入鮮奶油與蜂蜜

在小鍋子內倒入材料A，開火加熱至快沸騰即關火，倒入放有巧克力的打蛋盆內一起攪拌。

2

加入奶油一起攪拌

加入奶油，用橡皮刮刀從底往上翻攪後，直接蓋上鍋蓋靜置約1分鐘，利用餘溫使巧克力融化。

3

用打蛋器靜靜地攪拌均勻

用打蛋器靜靜地攪拌，攪拌時注意避免混入空氣。若巧克力仍未完全融化，則改用隔水加熱方式攪拌至完全融化。

4

倒入模型內

將步驟3倒入準備好的盛裝盒內，用竹籤刺破表面出現的泡沫以保持表面平整，然後放進冰箱冷藏凝固。

5

**脫模後
切成數等分**

當步驟4凝固後，即可脫模並撕除烤盤紙，使用以熱水溫熱過的抹刀或菜刀，依照個人喜好切成適當大小。

6

灑上可可粉

將步驟5放入鋪有大量可可粉的平底淺盤內，使巧克力沾滿可可粉，最後用小篩子將剩餘的可可粉灑在巧克力上。

wrapping idea

利用摺紙技法折出紙盒

配合巧克力的大小，使用喜歡的包裝紙以摺紙方式折出紙盒，並在底部鋪上蠟紙，然後放滿巧克力。同樣地，接著再折一個稍微大一圈的紙盒當作盒蓋，在盒蓋上用貼紙等貼上竹籤與彈吉他用的（pick）做裝飾，相當便利。

Basic

松露巧克力

請品嚐這種外衣略帶苦味，
內餡散發柔和甜味的巧克力滋味！

材料(15顆份)

內餡
苦甜巧克力…200g
鮮奶油…100ml
蘭姆酒…1大匙

巧克力外衣
苦甜巧克力(外衣用)…150g
可可粉…適量

完成時間
70分鐘

賞味期限
放在冰箱
冷藏 3 天

truffle

■■ 松露巧克力作法

1

**將煮沸的鮮奶油倒入
巧克力內一起攪拌**

在小鍋子裡倒入鮮奶油,待煮沸後
熄火,倒進放有苦甜巧克力的攪拌盆
內,用打蛋器靜靜地攪拌,直到巧克
力完全融化。

2

加入蘭姆酒一起攪拌

待步驟1融化後,添加蘭姆酒充分攪
拌。※不喜酒味者也可以不加。

3

**一邊冷卻一邊攪拌
藉此調整硬度**

一邊在步驟2的盆底以冰水隔水降
溫,一邊用湯匙攪拌至巧克力變濃
稠,容易做造型凝固。

4

**用2根湯匙
挖製15顆巧克力球**

使用2根湯匙,在步驟3挖製15顆巧克
力球,並排在鋪有烤盤紙的平底淺盤
上,接著放進冰箱冷藏至凝固。

5

將巧克力搓成漂亮的球形

從冰箱取出步驟4的巧克力球後,用
手替每顆巧克力球調整形狀。若出現
黏手的情形,可在掌心灑上適量(份
量之外)的可可粉後再繼續搓圓。

6

沾一層巧克力外衣

將外衣用巧克力以隔水加熱方式融
化,接著使用湯匙將步驟5的巧克力
球沾上一層巧克力外衣,並瀝乾多餘
的巧克力。

7

沾滿大量可可粉

將步驟6放進放滿大量可可粉的平底
淺盤中,使巧克力球滾動並沾滿可可
粉。

wrapping idea

放入紅茶罐等等的空罐中存放

紅茶或是水果糖等等的圓形空罐,剛
好適合松露巧克力的高度。當中鋪上
巧克力專用的紙模型再放上松露巧
克力,看起來更有質感。蓋子上還可
以用貼紙等等,貼上適合搭配松露巧
克力的茶包裝飾。

fruit truffle

完成時間 **70分鐘**

賞味期限 放在冰箱 冷藏2天

前置作業

● 所需巧克力分別切碎後,倒入不同的打蛋盆內備用。

● 在二個平底淺盤內鋪上烤盤紙。

作法

1 分別將冷凍覆盆子與冷凍芒果排放在鋪有烤盤紙的耐熱皿上,用微波爐加熱20秒解凍後,擦乾水分並用菜刀切碎。

2 將內餡用牛奶巧克力以隔水加熱的方式,用橡皮刮刀攪拌至融化,接著將巧克力分成二半,分別加入步驟1的覆盆子與芒果一起攪拌(圖a)。

3 在打蛋盆的盆底一邊以冰水隔水降溫,一邊用湯匙攪拌至巧克力變濃稠,容易做造型凝固。

4 使用2根湯匙,在每種口味分別做出10顆巧克力球,然後擺到鋪有烤盤紙的平底淺盤上,放進冰箱冷藏凝固後,再用手調整形狀。

5 製作外衣用的巧克力則分別以隔水加熱方式加熱至融化,接著將覆盆子口味巧克力包覆一層苦甜巧克力外衣、芒果口味巧克力則包覆一層牛奶巧克力外衣後,將巧克力放在散熱架上,用叉子來回滾動,使巧克力表面有刺狀突起(圖b)。

$\mathcal{A}$rrange

水果松露 巧克力

使用冷凍水果,
就能輕鬆做出喜愛口味的松露巧克力。
略帶酸甜的滋味,與巧克力相當對味!

材料(芒果與覆盆子各10顆份)

內餡
牛奶巧克力…270g
冷凍覆盆子…60g
冷凍芒果…40g

巧克力外衣
苦甜巧克力(外衣用)…150g
牛奶巧克力(外衣用)…150g

Arrange

和風松露巧克力

結合紅豆餡、黃豆粉、抹茶以及巧克力
融合出不可思議的美味口感

材料(紅豆餡、抹茶各10顆份)

牛奶巧克力…200g
┌ 紅豆餡…100g
A 黃豆粉…4大匙
└ 鮮奶油…4大匙
抹茶粉、黃豆粉…各適量

前置作業

● 巧克力切碎後倒入打蛋盆內
  備用。
● 在平底淺盤內鋪上烤盤紙。

作法

1 在小鍋子內倒入材料A，一邊
加熱，一邊用木杓攪拌至快沸騰為
止。

2 將步驟1倒入巧克力內，用橡皮
刮刀攪拌至完全融化。

3 在打蛋盆底部以冰水隔水降溫，
用橡皮刮刀慢慢地攪拌至巧克力變
黏稠，容易做造型凝固(圖**a**)。

4 使用2根湯匙，做出20顆巧克力
球，然後擺到鋪有烤盤紙的平底淺
盤上，放進冰箱冷藏凝固後，再用
手調整形狀(圖**b**)。

5 在二個平底淺盤內分別倒入抹
茶粉與黃豆粉，將步驟4各放入一
半，滾動盤子使巧克力沾滿粉末。

完成時間 **70分鐘**
賞味期限 放在冰箱冷藏 **3天**

japanese truffle

Part
2
超人氣招牌甜點

水果松露巧克力／和風松露巧克力

amande chocolat

完成時間 **40**分鐘

賞味期限 放在冰箱 冷藏 **7** 天

Basic

杏仁
休格拉

超人氣的杏仁休格拉是將
杏仁在焦糖中細細熬煮之後
再裹上巧克力外衣的正統巧克力

材料(80顆份)

帶皮杏仁
（宴會‧點心專用）…100g

A「細砂糖…30g
　水…2小匙

奶油（無鹽）…5g

苦甜巧克力（外衣用）…120g

可可粉…適量

前置作業

●烤箱事先以160℃預熱。

●巧克力切碎後倒入打蛋盆內
　備用。

●在烤盤內鋪上烤盤紙。

●在平底淺盤內鋪上烤盤紙。

⋮⋮⋮ 杏仁休格拉作法

1

將杏仁放進烤箱烘烤

在烤盤上鋪一張烤盤紙,將杏仁鋪在烤盤上,放進以160℃預熱的烤箱烤約5分鐘。

2

將細砂糖、水開火煮沸

在小鍋子內倒入材料A,開小火慢慢加熱,以搖晃鍋子而非攪拌的方式煮至用湯匙舀起時會牽絲的程度。

3

倒入杏仁一起攪拌

步驟2熄火後,一次倒入步驟1的杏仁,用木杓不停地攪拌直到砂糖變硬為止。

4

再度開火,加入奶油

再次開中火加熱步驟3,煮至砂糖融化變成焦黃色時,再加入奶油充分攪拌。

5

將杏仁平鋪在平底淺盤上

趁熱將步驟4放在鋪有烤盤紙的平底淺盤上,盡量使每一顆杏仁分散,避免黏住,待冷卻後移到打蛋盆內。

6

裹上一層巧克力外衣

以隔水加熱方式使外衣用巧克力融化後,接著一點一點地倒入步驟5的攪拌盆內攪拌,使杏仁巧克力粒粒分明,然後再繼續倒入巧克力外衣。

7

將裹上一層巧克力的
杏仁沾滿可可粉

當杏仁全都裹上一層巧克力外衣後,再一粒一粒地放進鋪有大量可可粉的平底淺盤內,使所有杏仁巧克力都沾滿可可粉。

wrapping idea

裝入奶油或乳酪的木箱中

在法國Echire奶油或乳酪的木箱內,鋪上裁成略大於木箱的烤盤紙或蠟紙後,再放入杏仁休格拉。如果沒有蓋子,也可直接蓋上事先鋪好的紙張,最後貼上貼紙等即可。

marshmallow chocobar

完成時間
50分鐘

賞味期限
放在冰箱
冷藏 3 天

作法

1 在較厚的鍋子內放入奶油,以中火煮至融化,接著倒入棉花糖一起煮融,待呈濃稠狀後即可關火(圖a)。

2 將步驟1趁熱加入巧克力攪拌至融化,接著倒入材料A充分攪拌(圖b)。

3 趁熱將巧克力倒入鋪有烤盤紙的烤模內,放進冰箱冷藏至凝固。

4 待巧克力凝固後,用泡過熱水擦乾水分的刀子切成10等分。

B<small>asic</small>

棉花糖巧克力派

這是將喜愛的點心加入巧克力中凝固而成,
不論在口感上、外觀上都相當好玩有趣的彩色巧克力

材料
(11×14cm的方形烤模1個,約10條份)

苦甜巧克力…80g
彩色棉花糖…80g
奶油(無鹽)…65g
A「個人喜好口味的穀片…70g
 └彩色棉花糖…40g

前置作業

●巧克力切碎後倒入打蛋盆內備用。

●在烤模內鋪上大小合適的烤盤紙。

wrapping idea

**使用烤盤紙
包裝成糖果狀**

將烤盤紙裁成比巧克力派稍微大一圈的尺寸,將每條巧克力派包成糖果狀。亦可配合棉花糖,用彩色筆在烤盤紙上畫上各種文字或圖案。

Basic

寶石休格拉

將喜歡的食材和巧克力一起凝固
就能變成如同寶石箱般可愛又華麗的巧克力

材料（6個份）

苦甜巧克力（外衣用）…120g
核桃、開心果、杏仁等堅果類…各適量
無花果、木瓜等乾果類…各適量
銀粉…適量

前置作業

● 巧克力切碎後倒入打蛋盆內備用。
● 在平底烤盤內鋪上烤盤紙。

作法

1 將外衣用的巧克力以隔水加熱方式攪拌至融化。

2 用湯匙舀一匙步驟1滴在鋪有烤盤紙的平底淺盤上，將巧克力糊推開呈圓形，趁還沒凝固時灑上堅果類、乾果類以及銀粉（圖a）。

3 同樣做出6個巧克力後，放到陰涼處使之凝固。※若放進冰箱冷藏，巧克力表面就會出現凹凸不平（硬塊），因此不能放進冰箱。

完成時間
35分鐘

賞味期限
放在冰箱
冷藏**7天**

jewelry chocolat

wrapping idea

放入透明袋內，
作成吊飾

將寶石休格拉放在色彩鮮艷的卡紙上，裝進透明袋中。在袋子的角落用打洞器打洞，穿上色彩繽紛的緞帶，作成吊飾風格包裝。這種包裝相當可愛，可供人吊掛以當作裝飾。

choc

Basic

巧克力塔

這是一道能夠品嚐雙層巧克力濃厚口感
相當奢華的巧克力塔

材料（直徑21cm的塔類烤模1個份）

塔皮
奶油（無鹽）…80g
糖粉…40g
A「蛋黃…1顆份
 └鮮奶…½小匙
低筋麵粉…140g

內餡
苦味巧克力…120g
鮮奶油…140ml
B「蛋…1顆
 └蛋黃…1顆份
苦甜巧克力…100g

鮮奶…80ml
C「熱水…½大匙
 └上白糖…2小匙
覆盆子、細葉芹、
糖粉…各適量

前置作業

●依照P.32～33基本塔皮的作法步驟1～12，製作塔皮。

●所需巧克力切碎後分別倒入不同的打蛋盆內備用。

●烘烤前，先將烤箱以180℃預熱。

∷ 巧克力塔作法

1

**在巧克力上加入溫熱過的
鮮奶油一起攪拌**

在小鍋子內倒入鮮奶油,開火加熱至
快沸騰為止,接著倒入放有苦味巧克
力的攪拌盆內,攪拌至融化為止。

2

將巧克力與蛋液一起攪拌均勻

在另一個攪拌盆內倒入材料B一起打
散後,再慢慢倒入步驟1的巧克力,用
打蛋器充分攪拌均勻。

3

**內餡以過濾方式倒入塔皮
放進烤箱烘烤**

將步驟2以過濾方式倒入烤好冷卻的
塔皮上,放進以180°C預熱的烤箱烤8
分鐘,接著將溫度調為170°C,繼續烤
5分鐘,然後脫模待涼。

4

**在巧克力上倒入溫熱過的
鮮奶一起攪拌**

在小鍋子內倒入鮮奶,開火加熱至快
沸騰為止,接著倒入放有苦味巧克力
的打蛋盆內,攪拌至完全融化。

5

**製作糖漿
倒進巧克力中**

將材料C攪拌至砂糖完全溶解後,倒
進步驟4內充分攪拌均勻,接著再倒
入步驟3,並用竹籤刺破氣泡。

6

**以覆盆子做裝飾
並灑上糖粉**

待步驟5的表面快要凝固時,擺上覆
盆子、細葉芹,並在塔皮邊緣灑上糖
粉。然後直接放在室溫下,待凝固後
即可切成數等分。

wrapping idea

放進紙折的盒子內

選用自己喜歡的紙張,折成金字塔狀,在
內部鋪上烤盤紙或蠟紙後,再放巧克力塔
(約1~2片),最後將兩端折起固定,就完
成相當簡單的包裝。亦可用麻繩來加以固
定,並加上提環。用單色紙張來包裝,並加
上圖案或文字也相當可愛。

雙倍巧克力餅乾

在可可麵糊烘烤而成的巧克力色餅乾內，
添加豐富的大顆粒巧克力
讓您一次享用雙重巧克力美味！

材料（直徑10cm約12片份）

奶油（無鹽）…170g
三溫糖…140g
蛋…1顆
香草油…少許
A ┌ 低筋麵粉…210g
  │ 可可粉…35g
  │ 泡打粉…1小匙
  └ 鹽…一撮
市售的牛奶巧克力…160g

前置作業

● 將奶油放在室溫下軟化備用。

● 將材料A事先過篩。

● 將巧克力切成寬約1.5cm的方塊。

● 在烤盤上鋪上烤盤紙。

● 烘烤前，先將烤箱以180℃預熱。

完成時間
90分鐘

賞味期限
室溫保存
5天

double choco chunk cookie

■■雙倍巧克力餅乾作法

1

**在打成奶霜狀的的奶油中
倒入三溫糖一起攪拌**

在攪拌盆內倒入奶油,用手拿式攪拌器打成奶霜狀後,再將三溫糖分作3次倒入,並用手拿式攪拌器以高速攪拌均勻。

2

**加入蛋液
一起攪拌**

將蛋打散後,分作2～3次倒入步驟1,用手拿式攪拌器充分攪拌均勻,接著加入香草油。

3

**倒入粉類
充分攪拌均勻**

在步驟2中倒入過篩好的材料A,使用橡皮刮刀以按壓方式攪拌均勻。

4

**加入切成塊狀的
巧克力一起攪拌**

將步驟3攪拌至一定程度後,再倒入切成塊狀的牛奶巧克力,以從底往上翻攪的方式攪拌。

5

**揉成麵團後
放入冰箱冷藏**

將步驟4混合均勻後,揉成一個麵團,並用保鮮膜包起來,放進冰箱冷藏1小時。

6

**修整麵團形狀後
放進烤箱烘烤**

將步驟5的麵團分成12等分,分別用手將麵團壓成直徑約7cm的大小,放在烤盤上,接著放進以180℃預熱的烤箱烤18～20分鐘。

7

置於散熱架上待涼

餅乾烤好後,從烤盤取出放在散熱架上待涼。

wrapping idea

放進附蓋的空罐內

在附蓋的空罐內,放入紙絲作為緩衝材料,接著再隨意放滿餅乾。亦可用包裝紙將空罐包起來,再綁上繩子。若空罐沒有蓋子的話,也可以將餅乾裝滿空罐,整罐放入透明袋裡做包裝。

完成時間
30分鐘

賞味期限
室溫保存
3天

Basic

甜心巧克力派

這是一道用派皮夾上巧克力夾心，只需經過烘烤即可輕鬆完成的點心。
剛出爐的酥脆口感，讓人不禁想大口品嚐

材料(6個份)

冷凍派皮⋯一張（150g）
市售的牛奶巧克力⋯1塊（65g）
蛋黃⋯1顆份

前置作業

●冷凍派皮放入冰箱半解凍。

●將巧克力沿著格線切塊。

●在烤盤內鋪上烤盤紙。

●烘烤前，先將烤箱以200℃
預熱。

:::甜心巧克力派作法

1

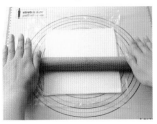

用擀麵棍將派皮擀平

將保鮮膜鋪在半解凍的派皮上,用擀麵棍擀成厚度約3mm的派皮。

2

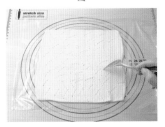

**用叉子在派皮上
刺出透氣孔**

將步驟1的保鮮膜掀開,用叉子在整張派皮上刺出透氣孔。

3

**使用心型刻模
在派皮上刻出造型**

用寬約5～6cm的心型刻模,在步驟2的派皮上刻出12個造型。

4

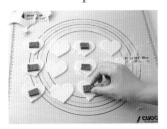

**在刻好造型的派皮
放上巧克力**

在半數(6片)的步驟3上各放一塊巧克力,並將剩下半數的派皮分別蓋在其上。

5

邊緣部份以叉子壓緊

使用叉子的尖端,在步驟4的每一塊派的邊緣輕輕壓緊,留下花紋。

6

**在派的表面刷上蛋黃液後
放進烤箱烘烤**

將步驟5的派放在烤盤上,在每一塊派的表面用刷子塗上打散的蛋黃液,放入以200℃預熱的烤箱烤約15分鐘。

7

放在散熱架上待涼

烤好後,將派從烤盤取出,放在散熱架上待涼。

wrapping idea

僅用紙張包住的簡易包裝

其實這種包裝技法,是利用紙飛機剛開始的折法,將包裝紙的左右兩側往中央折,並將下面部份往內折,在中間放幾塊派,最後將上面部份往下折作封口,就完成了簡單的包裝。只要利用貼紙與繩子加以固定,就變成相當時尚的包裝。

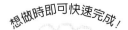

不須使用烤箱即可輕鬆製作的甜點

只要有鍋子或平底鍋，立刻就能做出這些美味可口的點心。

蛋糕甜甜圈

只需油炸即可做出歷久不衰的超人氣招牌點心

材料（直徑6.5cm的甜甜圈烤模6個份）

蛋…1顆

細砂糖…40g

鮮奶…4大匙

奶油（無鹽）…25g

A ┌ 低筋麵粉…220g
　└ 泡打粉…1小匙

酥炸用油…適量

苦甜巧克力…200g

巧克力米…3大匙

前置作業

● 巧克力切碎後倒入打蛋盆內備用。

● 將材料A事先過篩。

● 奶油先加熱至融化備用。

作法

1 在攪拌盆裡將蛋打散後，加入細砂糖，用打蛋器充分攪拌均勻。

2 接著倒入鮮奶與融化的奶油一起攪拌，然後倒入材料A，用橡皮刮刀以切半法攪拌均勻。

3 攪拌至看不見顆粒後，揉成麵團，用保鮮膜包好，放進冰箱冷藏約30分鐘。

4 在擀麵台灑上適量（份量之外）的高筋麵粉作為手粉，用擀麵棍擀成厚度約1.5cm的麵皮，用甜甜圈刻模刻出造型（圖a）。

5 將甜甜圈放進以170℃預熱的酥炸用油內，炸至兩面呈焦黃色後，即可起鍋瀝乾油份。

6 將切碎的巧克力以隔水加熱方式融化，將甜甜圈的單面沾滿巧克力後，並排在平底淺盤上，灑上巧克力米後待涼凝固。

熱蛋糕

這是一道可當作點心
或取代早、午餐的美味甜點

材料（直徑10cm×6片份）

A
┌ 低筋麵粉…200g
│ 泡打粉…2小匙
│ 上白糖…5大匙
└ 鹽…一撮

B
┌ 蛋…2顆
│ 鮮奶…130ml
└ 香草油…少許

奶油（無鹽）…25g
沙拉油…少許
奶油（裝飾用）、
楓糖漿…適量

作法

1 將材料A一起篩入攪拌盆內，接著倒入混合均勻的材料B，用打蛋器攪拌至柔滑狀，然後加入融化的奶油攪拌均勻。

2 將平底鍋加熱，倒入少量沙拉油，接著倒入約一顆蛋份量的步驟1，以小火煎熟。待表面出現小顆粒或凹洞時，立刻翻面煎至焦黃色。以同樣方式共煎6片。

3 將熱蛋糕盛裝在容器上，放上奶油，淋上楓糖漿來食用。

前置作業
●奶油先加熱至融化備用。

可麗餅

夾上喜歡的醬汁、奶油霜以及水果
可隨心所欲自行變換口味！

材料（5～6片份）

A
┌ 低筋麵粉…50g
└ 上白糖…1大匙

蛋…1顆
鮮奶…100ml
奶油（無鹽）…10g
沙拉油…少許

B
┌ 鮮奶油…100ml
│ 上白糖…½大匙
└ 香草精…少許

草莓、奇異果…適量

前置作業
●奶油先加熱至融化備用。
●水果去掉蒂頭、外皮後，切成適合食用的大小。

作法

1 在攪拌盆內倒入材料A，並倒入打散的蛋液，用打蛋器充分攪拌。

2 慢慢倒入鮮奶一起攪拌，並加入融化的奶油攪拌均勻，以篩子過濾之後，放進冰箱冷藏約30分鐘。

3 將平底鍋加熱，倒入少許沙拉油，接著倒入約一顆蛋份量的步驟2後，一邊搖晃平底鍋使麵糊推展為薄片，待餅皮邊緣變焦黃色後，用筷子將餅皮翻面煎熟。重複同樣的方式煎約5～6張餅皮。

4 在打蛋盆內倒入材料B，一邊以冰水隔水降溫，一邊用手拿式攪拌器打至8分發泡，接著裝進擠花袋，在步驟3的可麗餅上擠出奶油，夾上水果後捲起來。

蒸蛋糕 · 蒸黑糖糕

即使冷卻後，口感仍然鬆軟紮實，正是用蒸鍋做出的蒸蛋糕特有的滋味！

材料(直徑5cm小杯模(Cocotte)各4個份)

蒸蛋糕
「小麥粉…200g
A 泡打粉…2小匙
蛋…2顆
上白糖…50g
鮮奶…5大匙
沙拉油…2大匙
葡萄乾…30g

蒸黑糖糕
「小麥粉…200g
A 泡打粉…2小匙
蛋…2顆
黑糖…70g
鮮奶…5大匙
沙拉油…2大匙
去殼核桃…50g

前置作業
● 分別將這二種蒸糕的材料A事先過篩。
● 在小杯模內鋪上紙杯。
● 在蒸之前，先在蒸鍋內倒入水後，以大火煮開。

作法

1 在攪拌盆內將蛋打散後，加入上白糖（蒸黑糖糕則加入黑糖）後，用打蛋器充分攪拌，接著倒入鮮奶攪拌均勻。

2 倒入材料A，用打蛋器充分攪拌後，加入沙拉油一起攪拌（圖**a**）。

3 預留少量的葡萄乾（蒸黑糖糕則為核桃）作為裝飾用，其餘的倒入步驟2的麵糊中一起攪拌，然後等量倒入鋪有紙杯的小杯模內。

4 在步驟3上灑上預留的葡萄乾（核桃），然後放進充滿蒸氣的蒸鍋內，以大火蒸約12～15分鐘。

※蒸黑糖糕的作法相同，只需將材料替換成括號內的食材即可。

PART 3

獨門的
烤點心

餅乾、泡芙、派等點心
其外觀雖然平凡樸素，卻讓人隨時隨地想動手製作
在本單元中將有詳細的介紹
只要掌握製作麵糊的訣竅，
這些點心全都只需攪拌後烘烤即可輕鬆完成

造型餅乾

造型餅乾在餅乾類當中屬於基礎篇
只要掌握製作麵糊的訣竅，
就能任意變換出各種口味、造型以及裝飾的餅乾。

材料（長9cm的樹葉形刻模各約10片份）

餅乾糊
奶油（無鹽）…120g
鹽…一撮
上白糖…100g
蛋黃…2顆份
A 低筋麵粉…100g
┌ 低筋麵粉…90g
B
└ 可可粉…10g

檸檬糖衣
糖粉…50g
檸檬汁…2小匙

咖啡糖衣
糖粉…50g
熱水…2小匙
即溶咖啡…2小匙

前置作業

● 將奶油放在室溫下軟化後備用（圖**a**）。

● 將材料A事先過篩。

● 將材料B一起過篩（圖**b**）。

● 在烤盤上鋪上烤盤紙。

● 烘烤前，先將烤箱以180℃預熱。

memo 只有在日本，
餅乾才會因硬度不同而有各種名稱！？

餅乾（cookie）的字義源自英語，在美國叫做"cookie"，在英國則稱作"biscuit"，而在法國則叫做"biscuit（譯註：發音類似"比司吉"）"。在日本，餅乾會根據風味、作法、以及硬度等的不同，而有小甜餅、比司吉、酥餅等各種名稱；在國外，則通稱為餅乾。

完成時間
90分鐘

賞味期限
室溫保存
7天

cookie

造型餅乾作法

1

用手拿式攪拌器將奶油
攪拌成奶霜狀

在攪拌盆內倒入奶油，用手拿式攪拌器以高速攪拌成奶霜狀，使奶油充滿空氣。

2

在奶油中加入鹽、
上白糖一起攪拌

將鹽與上白糖分作2～3次加入，用手拿式攪拌器攪拌均勻。

3

攪拌至顏色變白

攪拌時使奶油充滿空氣，直到顏色變白為止。

4

倒入蛋黃一起攪拌
然後分成二半

在步驟3一次加入一顆蛋黃，並充分攪拌均勻，然後將蛋糊分成二等份，各自倒入不同的攪拌盆裡。

5

倒入粉類攪拌均勻

其中一個攪拌盆加入P.94的材料A，另一個則加入P.94的材料B，分別用橡皮刮刀從底往上翻攪至看不見顆粒為止，並揉成麵團。

6

用保鮮模包起來
放入冰箱冷藏

分別將步驟5的二種麵團用保鮮膜包住，放進冰箱冷藏約1小時。

7

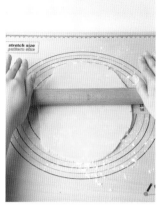

用擀麵棍將麵團擀平

在擀麵台與擀麵棍灑上適量（份量之外）的高筋麵粉作為手粉，分別將步驟6的麵團擀成厚度約7mm的麵皮。

8

用刻模刻出造型
放在烤盤上

用灑上乾粉的餅乾刻模在麵皮上刻出造型，並排在烤盤上，放進以180℃預熱的烤箱烤約12～15分鐘。

9

放在散熱架上待涼

烤好後，從烤盤取出餅乾，放在散熱架上待涼。

10

製作檸檬糖衣

製作檸檬糖衣。在攪拌盆內倒入糖粉與檸檬汁，用小型打蛋器攪拌至呈濃稠的柔滑狀。

11

製作咖啡糖衣

製作咖啡糖衣。在另一個攪拌盆內倒入糖粉，並加入以熱水溶解的即溶咖啡，用小型打蛋器攪拌至呈濃稠的柔滑狀。

12

在餅乾表面做裝飾

用烤盤紙捲成號角狀，分別裝入步驟10、11後，在餅乾上分別擠出圖案。

tea icebox cookie

完成時間
170分鐘

賞味期限
室溫保存
7天

Basic

紅茶冰箱餅乾

紅茶的香味以及剛出爐的酥脆口感
好吃到讓人一片接著一片

材料（約28個份）

奶油（無鹽）…160g
糖粉…80g
蛋…1顆

A 「低筋麵粉…280g
　 杏仁粉…40g

紅茶茶葉（格雷伯爵茶）
…1½大匙
細砂糖…適量

前置作業

●將奶油放在室溫下軟化後備
用。

●將紅茶茶葉切成碎末。

●將材料A一起過篩。

●在烤盤上鋪上烤盤紙。

●烘烤前，先將烤箱以170℃
預熱。

■■■紅茶冰箱餅乾作法

1

**用手拿式攪拌器
將奶油打成奶霜狀**

在攪拌盆裡倒入奶油,用手拿式攪拌器打成奶霜狀,使奶油充滿空氣。

2

**倒入糖粉
攪拌至顏色變白**

在步驟1加入糖粉,攪拌至顏色變白且呈柔滑狀。

3

加入蛋一起攪拌

在另一個攪拌盆內將蛋打散,慢慢倒入步驟2中充分攪拌均勻。

4

倒入粉類及紅茶茶葉一起攪拌

在步驟3加入材料A以及切碎的紅茶茶葉,用橡皮刮刀從底往上翻攪至看不見顆粒為止。

5

**將麵團揉成棒狀
放入冰箱冷藏**

將步驟4揉成麵團後分作二等分,分別將麵團形狀修整為寬4cm的方形棒狀後,用保鮮膜包住放進冰箱冷凍庫冰約2小時。

6

在麵團表面撒上細砂糖

當步驟5)冷凍之後,撕除保鮮膜並擦掉麵團表面上的水氣,接著在麵團上撒滿細砂糖。

7

**切塊後
放入烤箱烘烤**

將步驟6用菜刀切成厚度約8mm的片狀後放在烤盤上,使餅乾與餅乾之間留有空隙,然後放進以170℃預熱的烤箱烤25～30分鐘。

8

放在散熱架上待涼

烤好後,從烤盤取出放在散熱架上待涼。

Basic

雪球餅乾

入口即化的柔軟口感
讓人難以想像這竟會是餅乾
與粒粒香脆的堅果構成絕妙的平衡

材料(約24顆)

奶油(無鹽)…90g
細砂糖…25g
鹽…一撮
腰果…20g
核桃…50g
「低筋麵粉…120g
A
└杏仁粉…30g
糖粉…適量

前置作業

● 將材料A一起過篩到打蛋盆內。
● 將腰果與核桃切塊備用。
● 在烤盤上鋪上烤盤紙。
● 烘烤前,先將烤箱以170℃預熱。

snow ball

完成時間
70分鐘

賞味期限
室溫保存
5天

⸪⸪⸪雪球餅乾做法

1

開火將奶油加熱煮融

在小鍋子內倒入奶油並開火，以木杓攪拌至融化。

2

將奶油放置陰涼處待涼

待步驟1的鍋邊呈焦黃色時，即可將小鍋子拿起，放在溼抹布上待涼。

3

加入細砂糖、鹽、堅果類

在步驟2加入細砂糖、鹽、腰果以及核桃，充分攪拌至細砂糖完全溶解。

4

與粉類一起攪拌均勻

在裝有已過篩的材料A的攪拌盆內，倒入步驟3，用橡皮刮刀充分攪拌均勻。

5

將麵團放進冰箱冷藏

將步驟4揉成麵團後，用保鮮膜包住，放進冰箱冷藏約30分鐘。麵團冷藏太久會不易揉捏，故冷藏時間不可超過30分鐘。

6

將麵團揉成球狀

從冰箱取出步驟5的麵團，用掌心將麵團搓成一口大的球形，並整修形狀。

7

**並排在烤盤上
放進烤箱烘烤**

將麵團放在烤盤上，使麵團之間保持空隙，放進以170℃預熱的烤箱烤20～25分鐘。

8

使餅乾沾滿糖粉

待步驟7出爐後待涼，接著將餅乾放進裝有糖粉的塑膠袋中，用單手從袋子上方以搓揉的方式旋轉餅乾，使餅乾沾滿糖粉。

galette

Basic

國王餅

吃起來口感比餅乾還要酥脆
這正是國王餅的魅力所在

材料（直徑5cm的圓形刻模約24片份）

奶油（無鹽）…160g

糖粉…60g

鹽…一撮

蛋黃…2顆份

A ┌ 低筋麵粉…240g
  └ 泡打粉…¼小匙

橘子醬…20g

蛋液…1顆份

前置作業

●將奶油放在室溫下軟化後備用。

●將材料A一起過篩。

●在烤盤上鋪上烤盤紙。

●烘烤前，先將烤箱以160℃預熱。

102

▓▓▓ 國王餅作法

1

**將奶油打成奶霜狀後
倒入糖粉一起攪拌**

在攪拌盆內倒入奶油,用手拿式攪拌器打成奶霜狀。將糖粉分作2～3次加入,充分攪拌均勻,使奶油充滿空氣。

2

加入鹽、蛋黃一起攪拌

在步驟1加入鹽,攪拌至顏色變白後,接著加入蛋黃充分攪拌均勻。

3

加入橘子醬一起攪拌

在步驟2加入橘子醬,用手拿式攪拌器以低速攪拌成奶霜狀。

4

**慢慢加入粉類
一起攪拌均勻**

在步驟2加入1/3的材料A,用橡皮刮刀充分攪拌均勻後,再將剩下的材料A倒入,攪拌至看不見顆粒為止。

5

**揉成麵團後
放進冰箱冷藏**

將步驟4揉成麵團後,用保鮮膜包起來放進冰箱冷藏1小時。

6

用擀麵棍擀平

在擀麵台上適量(份量之外)的高筋麵粉作為手粉,用擀麵棍將步驟5擀成厚度8mm的麵皮。

7

**用圓形刻模刻出造型
並排在烤盤上**

使用直徑5cm的刻模在步驟6刻出造型後,放在烤盤上,使麵皮之間保持空隙。剩下的麵皮再揉成一團,擀成厚度8mm的麵皮後,再繼續刻出造型。

8

**塗上蛋黃液
用竹籤畫出格子紋**

在步驟7的表面用刷子塗上蛋液,並用竹籤劃上格子紋。

9

**放進烤箱烘烤
然後待涼**

將麵皮放進以160℃預熱的烤箱烤約20分鐘,然後從烤盤取出,放在散熱架上待涼。

義大利脆餅

這是道比餅乾還要堅硬、
相當有咬勁的點心
將餅乾浸泡在濃縮咖啡中
即可品嚐義式風味！

材料（半月形約16片份）

```
  ┌ 低筋麵粉…80g
A │ 杏仁粉…40g
  └ 泡打粉…1小匙
杏仁片…20g
開心果（去殼）…50g
蛋…1顆
細砂糖…60g
糖粉…適量
```

前置作業

● 將材料A一起過篩。

● 在烤盤上鋪上烤盤紙

● 烘烤前，先將烤箱以
170℃預熱。

完成時間
70分鐘

賞味期限
至溫保存
7天

biscotti

■■■ 義大利脆餅作法

1

將粉類與堅果類攪拌均勻

在攪拌盆內倒入材料A、杏仁片及開
心果後，用橡皮刮刀攪拌均勻。

2

加入蛋一起攪拌

將蛋打散後倒入步驟1，用橡皮刮刀
充分攪拌均勻。

3

倒入細砂糖攪拌均勻

在步驟2加入細砂糖，充分攪拌之後
揉成麵團。

4

放在烤盤上修整形狀

將步驟3的麵團放在烤盤上，揉成長
20cm、寬6cm且結實堅固的蛋形（橢
圓形的小山）。

5

**灑上糖粉
放進烤箱烘烤**

在步驟4的表面上用小篩子灑上大量
糖粉後，放進以170℃預熱的烤箱烤
約30分鐘。

6

**用竹籤刺穿
確認烘烤情況**

待30分鐘一到，先取出來用竹籤刺
穿，若沒有沾黏麵糊的話，即可取出
來待涼。

7

切成厚度約1cm的片狀

待餅乾涼了之後，切成厚度約1cm的
片狀。

8

**並排在烤盤上
再次放進烤箱烘烤**

將步驟7的切口朝上，並排在烤盤上，
再次放進烤箱以160℃烤20～25分
鐘。

9

放在散熱架上待涼

烤好後，即可從烤盤取出，放在散熱
架上待涼。

Basic

拿破崙蛋糕

想要品嚐手工製作的派皮，就先從拿破崙蛋糕開始動手吧。
想做出這種多層次的酥脆美味
重點在於迅速、謹慎地折疊麵皮

材料(12×12cm6塊份)

派皮

```
┌ 低筋麵粉…150g
A
└ 高筋麵粉…50g
```
鹽…½小匙
冷水…110ml
奶油（無鹽）…150g

夾心用奶油霜

卡士達奶油醬…160g
→詳見P.30的水果塔

鮮奶油…80ml
糖粉…適量
草莓、藍莓…各適量
薄荷葉…適量

前置作業

● 依照P.34～35的步驟1～7製作卡士達奶油醬。

● 先將奶油放在冰箱冷藏（圖a）。

● 將材料A一起過篩後，放到冰箱冷藏（圖b）。

● 在烤盤上鋪上烤盤紙。

● 烘烤前，先將烤箱以200℃預熱。

● 草莓先去掉蒂頭，切成薄片備用。

memo 其名稱來自於
層層折疊麵皮做出層次感

在法文中，Mille的意思是「一千」，Feuille的意思則是「葉片」。在製作派皮時，將這種經過數次折疊的派皮，透過層層重疊來表現出「千」層的感覺。由於烤好後的拿破崙蛋糕給人落葉般的感覺，因而取名為「千葉」。

完成時間
120分鐘

賞味期限
放在冰箱
冷藏1天

mille feuille

拿破崙蛋糕作法

1

**將粉類、鹽、冷水混合後
揉成麵團**

在攪拌盆內加入P.106的材料A與鹽，在中央挖個凹洞，倒入冷水後用手充分攪拌，揉至看不見顆粒為止。

2

**揉成一團後
在麵團上劃上十字切痕**

將步驟1揉成麵團後，在表面深深地劃上十字切痕，並用保鮮膜包住放進冰箱冷藏30分鐘～1小時。

3

敲打奶油，使之軟化

將冰過的奶油放進塑膠袋內，用擀麵棍在上面敲打，一邊保持四方形（15cm的方形），一邊使奶油變成步驟2的麵團般柔軟。

4

**從麵團的十字的切痕部份
往四角打開**

撕掉步驟2麵團的保鮮膜，放在灑上適量作為手粉的高筋麵粉的擀麵台上，用手指將麵團中央的切痕往四角打開。

5

**用擀麵棍擀成比
奶油大一圈的麵皮**

用擀麵棍將步驟4擀成比步驟3的奶油大一圈的四方形麵皮。

6

用麵皮包住奶油

在步驟5麵皮的上、下、左、右四角折往中央，包住放在中央的步驟3奶油，使麵皮之間的接縫緊緊密合。

7

用擀麵棍將派皮擀平

在步驟6撒上適量（份量之外）的乾粉，用擀麵棍擀成長度約3倍長的派皮。

8

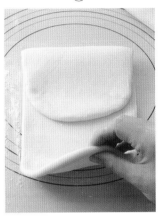

從上方及下方折成三折

將步驟7的派皮從上方往下折約1/3長度，接著從下方往上折約1/3的長度疊在上方，並將派皮旋轉90度，重複步驟7～8共二次。

9

**用保鮮膜包起來
放進冰箱冷藏**

重複此一步驟二次後，用保鮮膜包住派皮，放進冰箱冷藏約30分鐘以上。尤其在夏天，派皮在常溫下容易軟化，因此必須延長冷藏時間。

10

用擀麵棍擀平面派皮

掀開包住步驟9的保鮮膜後，用灑上適量（份量之外）的高筋麵粉作為乾粉的擀麵棍，擀成24cm×36cm、厚度3mm的派皮，接著切成6張12cm×12cm的正方形。

11

**用叉子在派皮上刺出透氣孔，
放進烤箱烘烤**

將步驟10的派皮並排在烤盤上，用叉子刺出透氣孔後，放進以200℃預熱的烤箱烤15～18分鐘。在烤的過程當中，當派皮膨脹後，則在派皮上放置金屬網，以防止派皮過度膨脹。

12

**製作奶油霜
與派皮層層重疊**

在打蛋盆內倒入鮮奶油打至8分發泡後，與卡士達奶油霜一起攪拌。在烤好的派上依序鋪上奶油霜、水果、派，共重複二次，最後灑上糖粉，用薄荷葉做裝飾。

完成時間 **100**分鐘

賞味期限 放在冰箱 冷藏 **2** 天

pumpkin pie

Arrange

南瓜派

這是一道中間包有香甜南瓜內餡烘烤而成的迷你派
亦可替換成各種蔬菜水果加以變化！

材料(8塊份)

派皮

A 「 低筋麵粉⋯150g
  └ 高筋麵粉⋯50g
鹽⋯½小匙
冷水⋯110ml
奶油(無鹽)⋯150g

內餡

南瓜⋯200g
  「 奶油(無鹽)⋯20g
B 細砂糖⋯20g
  └ 柳橙汁⋯2大匙

蛋液⋯1顆份
南瓜子
(點心、零食專用)⋯16顆份
細砂糖⋯少許

前置作業

●依照P.108～109拿破崙蛋糕
的作法步驟1～9製作派皮後，
放進冰箱冷藏。

●在烤盤上鋪上烤盤紙。

●烘烤前，先將烤箱以200℃
預熱。

南瓜派作法

1

用微波爐加熱南瓜

將南瓜切成適當大小後放在耐熱皿內，蓋上保鮮膜放進微波爐加熱3分鐘，使南瓜軟化到竹籤能夠穿透的程度，然後趁熱去皮。

2

將南瓜與奶油、細砂糖、柳橙汁一起攪拌均勻

將步驟1與材料B放進食物調理機攪拌，將南瓜打成柔滑的糊狀。

3

用菊花刻模在派皮上刻出造型

在擀麵台灑上適量（份量之外）高筋麵粉當作手粉，接著從冰箱取出冷藏的派皮鋪在擀麵台上，用擀麵棍擀成厚度3mm的派皮，接著用直徑10cm的菊型刻模刻出8片派皮。

4
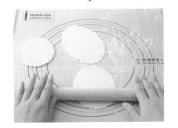

用擀麵棍再次擀平刻出造型的派皮

使用擀麵棍，將步驟3的派皮從圓形擀成橢圓形。

5

在派皮的半面塗上蛋液

用刷子在擀好的步驟4的半面塗上蛋液，共塗8片。

6
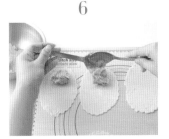

擺上南瓜內餡

在步驟5塗上蛋液的那面，放上分作8等分的步驟2，使南瓜餡距離派皮邊緣約5mm。

7

將派皮折疊之後用叉子壓緊

將步驟6的派皮對折，邊緣則用叉子壓緊，並排在烤盤上。

8

在派的表面刺出透氣孔放進烤箱烘烤

用刷子在步驟7的表面塗上蛋液後，在每塊派上放2粒南瓜子，並以竹籤刺出透氣孔，接著灑上細砂糖。

9

烤好後，從烤箱取出待涼

將步驟8放進以200℃預熱的烤箱中烤至呈金黃色，接著將溫度調到180℃，共計烤20～25分鐘。從烤盤取出南瓜派後，放在散熱架上待涼。

apple pie

完成時間
145分鐘

賞味期限
放在冰箱
冷藏 **2** 天

Arrange

蘋果派

蘋果派是一道不論是趁熱或是冷卻後食用皆相當美味的招牌點心。
在蘋果最可口的季節，請務必動手試做看看！

材料(直徑21cm的派盤1個份)

派皮
A ┌ 低筋麵粉…150g
  └ 高筋麵粉…50g
鹽…½小匙
冷水…110ml
奶油(無鹽)…150g

內餡
蘋果(最好使用紅玉蘋果)…2顆
奶油(無鹽)…15g
細砂糖…40g
檸檬汁…1大匙

全麥餅乾…60g
肉桂粉…少許
蛋液…1顆份

前置作業

●依照P.108～109拿破崙蛋糕的作法步驟1～9製作派皮，並放進冰箱冷藏。

●將全麥餅乾放到塑膠袋中，以擀麵棍壓成碎末備用。

●蘋果去芯後，切成8等分的片狀。

●烘烤前，先將烤箱以200℃預熱。

112

::蘋果派作法

1

將蘋果連同奶油、細砂糖一起熬煮

製作內餡。在鍋中先將奶油煮融,接著加入蘋果、細砂糖,一邊用大火熬煮,一邊用木杓攪拌,待蘋果水分滲出後再加入檸檬汁。

2

將蘋果熬煮至呈焦糖色

不時地將步驟1大力翻攪,煮約10～15分鐘,使水分煮乾,待蘋果變成焦糖色(略帶咖啡色)後即可關火。

3

攤開派皮鋪在派盤上

將一半的麵團放在撒有適量(份量之外)手粉的擀麵台上,擀成厚度約3mm的派皮後,用叉子在整張派皮上刺出透氣孔,接著用擀麵棍捲起來,鋪在派盤上。

4

鋪上全麥餅乾與蘋果

在步驟3上鋪上壓碎的全麥餅乾,接著將步驟2以放射狀鋪在全麥餅乾上,並灑滿肉桂粉。

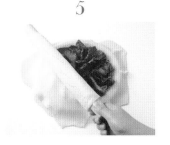

5

蓋上剩下一半的派皮

與步驟3一樣,用擀麵棍將剩下一半的麵團擀成厚度3mm的派皮,並用叉子在整張派皮刺出透氣孔,接著用擀麵棍捲起來,鋪在步驟4上。

6

用手指壓緊派的邊緣

將步驟5的空氣完全抽出,用手指緊緊壓住派盤邊緣部份的派皮,使之緊密貼合,然後用保鮮膜包住,放進冰箱冷藏15分鐘。

7

沿著派盤邊緣切掉邊緣的派皮

用刀或菜刀沿著派盤,將步驟6多餘的派皮切掉。切掉的派皮則重新揉過並擀成薄片,作成數片樹葉狀。

8

在表面塗上蛋液

在步驟7的表面上,用刷子塗上蛋液以增加光澤。接著貼上步驟7製作的小片樹葉狀派皮,並在上面也塗上蛋液。

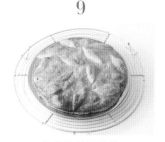

9

放進烤箱烘烤後取出待涼

將步驟8放進以200℃預熱的烤箱,待烤成金黃色後,將烤箱溫度調為180℃,共計烤40～50分鐘。然後將整個派盤放在散熱架上待涼。

Basic

泡芙

在烤得蓬鬆酥軟的外皮中，
夾上鮮奶油與卡士達醬做成的奶油霜，
成為一道能夠細細品嚐溫柔且高雅口感的點心

材料（直徑8cm大小成品8-9個份）

基本泡芙皮

A ⌈ 奶油（無鹽）…50g
  │ 鮮奶…50ml
  │ 水…50ml
  └ 鹽…一撮

蛋…2顆
低筋麵粉…50g

奶油霜

卡士達奶油…160g
→詳見P.30水果塔的作法
鮮奶油…80ml

前置作業

● 依照P.34～35的步驟1～7製作卡士達奶油。

● 低筋麵粉事先過篩（圖a）。

● 在烤盤鋪上烤盤紙（圖b）。

● 烘烤前，先將烤箱以200℃預熱。

memo 從失敗中誕生的點心

有關泡芙的起源，有這麼一種說法：據說泡芙原本是「製作糕點時因失敗而做出充滿空洞的成品，為了充分活用失敗的成品，因此在內部擠滿奶油霜」，因而誕生的點心。

完成時間
70分鐘

賞味期限
**放在冰箱
冷藏1天**

chou cream

:: 泡芙作法

1

**在鍋內倒入奶油、鮮奶、
水及鹽一起攪拌**

在鍋內倒入P.114的材料A，一邊以中
火加熱，一邊用木杓攪拌至奶油融
化。

2

**關火後
倒入低筋麵粉一起攪拌**

待奶油融化沸騰後，即可關火，倒入
低筋麵粉，用木杓快速攪拌至看不見
顆粒為止。

3

再次開火繼續攪拌

再度以中火加熱鍋子，繼續攪拌麵糊
並避免焦掉，直到鍋底形成一層薄膜
為止。

4

**關火後
倒入蛋液**

關火後，慢慢倒入打散的蛋液後，用
橡皮刮刀攪拌麵糊上，然後再倒入一
些蛋液，重複這二個動作。

5

**攪拌至舀起麵糊時
麵糊會以倒三角形狀滴下**

將步驟4充分攪拌均勻。攪拌基準如
同照片所示，攪拌至橡皮刮刀舀起麵
糊時，麵糊會以倒三角形狀滴下即
可。

6

**將麵糊倒入擠花袋
擠在烤盤上**

將步驟5倒入裝上擠花嘴的擠花袋
內，在烤盤上等間隔擠出直徑6cm大
的麵糊。將擠花嘴垂直靠近烤盤，從
一定的高度持續擠壓，待麵糊自然擴
大為6cm大後即可扭轉。

7

用手指沾水後
輕輕按壓麵糊

用手指沾水，輕輕按壓步驟6突起的
尖端。在這個步驟當中，若按壓力道
太大會造成泡芙無法膨脹，必須特別
注意。

8

在麵糊表面噴水後
放進烤箱烘烤

在步驟7的表面輕輕噴水，以預防麵
糊表面太過乾燥，再放進以200℃預
熱的烤箱烤20分鐘，然後將烤箱溫
度調到160℃繼續烤15分鐘。

9

從烤盤取出待涼

烤好後，從烤盤取出放在散熱架上待
涼。

10

將卡士達奶油與
鮮奶油混合攪拌

在攪拌盆內倒入鮮奶油，一邊在盆
底以冰水隔水降溫，一邊打至8分發
泡，然後慢慢倒入另一個裝有卡士達
奶油的打蛋盆內，充分攪拌均勻。

11

將冷卻後的泡芙切開

待泡芙冷卻後，以橫切方式切掉每顆
泡芙的上方約1/3部份。

12

在泡芙內擠上奶油霜

將步驟10的奶油霜裝入裝有擠花嘴
的擠花袋中，在步驟11的下方部份擠
上奶油霜，再蓋上切掉的蓋子部份。

泡芙的奶油醬種類

奶茶奶油
以卡士達奶油為基底，帶有紅茶風味

材料(泡芙8個份)

$\begin{bmatrix} 蛋黃…2顆份 \\ 細砂糖…60g \end{bmatrix}$ A

$\begin{bmatrix} 低筋麵粉…20g \\ 紅茶茶葉…1大匙 \end{bmatrix}$ B

鮮奶…350ml

香草精…少許

1 在打蛋盆內倒入材料A，用打蛋器攪拌至顏色變白後，將材料B篩入打蛋盆內，充分攪拌均勻。

2 將鮮奶倒入鍋內加熱至快沸騰前關火，慢慢倒入步驟1攪拌均勻。過篩後，再倒回鍋內加熱，攪拌成柔滑的奶油霜，再加入香草精。

3 將奶油霜倒入平底淺盤，蓋上一層保鮮膜後待涼。

抹茶奶油
日式和風口味，最適合搭配日本茶享用

材料(泡芙8個份)

$\begin{bmatrix} 蛋黃…2顆份 \\ 細砂糖…60g \end{bmatrix}$ A

$\begin{bmatrix} 低筋麵粉…20g \\ 點心用抹茶粉…2小匙 \end{bmatrix}$ B

鮮奶…350ml

1 在打蛋盆內倒入材料A，用打蛋器攪拌至顏色變白後，將材料B篩入打蛋盆內，充分攪拌均勻。

2 將鮮奶倒入鍋內加熱至快沸騰前關火，慢慢倒入步驟1攪拌均勻。過篩後，再倒回鍋內加熱，攪拌成柔滑的奶油霜，再加入香草精。

3 將奶油霜倒入平底淺盤，蓋上一層保鮮膜後待涼。

蜂蜜檸檬奶油
檸檬的酸味加上蜂蜜的甘甜，相當新鮮的組合！

材料(泡芙8個份)

$\begin{bmatrix} 蛋黃…2顆份 \\ 細砂糖…1大匙 \\ 蜂蜜…40g \end{bmatrix}$ A

低筋麵粉…30g

鮮奶…350ml

檸檬汁…½大匙

1 在打蛋盆內倒入材料A，用打蛋器攪拌至顏色變白後，將低筋麵粉篩入打蛋盆內，充分攪拌均勻。

2 將鮮奶倒入鍋內加熱至快沸騰前關火，慢慢倒入步驟1攪拌均勻。過篩後，再倒回鍋內加熱，加入檸檬之後，用木杓不斷攪拌成柔滑的奶油霜。

3 將奶油霜倒入平底淺盤，蓋上一層保鮮膜後待涼。

草莓奶油
吃得到整粒草莓果肉

材料（泡芙8個份）

A「蛋黃…2顆份
 └細砂糖…60g
低筋麵粉…20g
鮮奶…350ml
草莓…30g

1 在打蛋盆內倒入材料A，用打蛋器攪拌至顏色變白後，將低筋麵粉篩入打蛋盆內，充分攪拌均勻。

2 將鮮奶倒入鍋內加熱至快沸騰前關火，慢慢倒入步驟1攪拌均勻。過篩後，再倒回鍋內加熱，用木杓不斷攪拌成柔滑的奶油霜。

3 將奶油霜倒入平底淺盤，蓋上一層保鮮膜，待冷卻後，加入用湯匙壓碎的草莓一起攪拌。

乳酪奶油
清爽的奶油醬與鳳梨相當對味

材料（泡芙8個份）

奶油乳酪…160g
細砂糖…1大匙
優格…100g
鳳梨（罐頭）…1½片

1 在打蛋盆內倒入放在室溫軟化的奶油乳酪與細砂糖，用手拿式攪拌器攪拌成奶霜狀。

2 在步驟1加入優格一起攪拌均勻。

3 在步驟2加入切碎的鳳梨後，從底往上翻攪均勻。

橘子奶油
以奶油蛋白霜為基底，帶有蛋糕風味

材料（泡芙8個份）

橘子…½顆
細砂糖…60g
水…2大匙
優格…1大匙
鮮奶油…180ml

1 將橘子剝皮後，去掉果肉膜，將果肉撕成小塊放入鍋內，加入半量的細砂糖與水後加熱。煮至水分乾掉後，即可關火待涼。

2 在打蛋盆內倒入鮮奶油與剩下一半的細砂糖，用打蛋器打至8分發泡。

3 在步驟2加入優格與步驟1一起攪拌均勻。

完成時間
75分鐘

賞味期限
放在冰箱
冷藏1天

Arrange

摩卡閃電泡芙

巧克力為樸素平凡的閃電泡芙
加上一層摩卡糖衣，
並塞滿摩卡奶油醬！

材料(16塊份)

基礎泡芙皮
奶油（無鹽）…50g
鮮奶…50ml
A 水…50ml
鹽…一撮
蛋…2顆
低筋麵粉…50g

摩卡奶油醬
卡士達奶油…160g
→詳見P.30水果塔的作法
鮮奶油…80ml
B 即溶咖啡…1小匙

摩卡糖衣
糖粉…200g
蛋白…1顆份
C 即溶咖啡、水…各1小匙

前置作業

● 依照P.34～35的步驟1～7製作卡士達奶油。

● 低筋麵粉事先過篩。

● 在烤盤鋪上烤盤紙。

● 烘烤前，先將烤箱以200℃預熱。

摩卡閃電泡芙作法

1

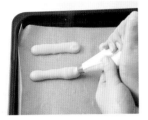

**製作泡芙麵糊
擠在烤盤上**

依照P.116的泡芙作法1～5步驟,製作基本泡芙麵糊。然後倒入裝有直徑1cm擠花嘴的擠花袋,在烤盤上擠出長10cm的麵糊。

2

**在麵糊上噴水後
放進烤箱烘烤**

為避免步驟1的表面太乾燥,噴上一些水後再放進以200℃預熱的烤箱烤約20分鐘。

3

放在散熱架上待涼

烤好後,從烤盤取出放在散熱架上待涼。

4

將泡芙橫切為二半

將步驟3橫切為二半。

5

製作摩卡糖衣

在攪拌盆內倒入蛋白與糖粉,用打蛋器充分攪拌後,再加入材料C一起攪拌,製作摩卡糖衣。

6

將泡芙的上半部浸泡糖衣

將切好的步驟4上半部份,浸泡步驟5的摩卡糖衣後,放在散熱架上風乾。

7

製作摩卡奶油醬

在攪拌盆倒入材料B,一邊在盆底以冰水隔水降溫,一邊打至8分發泡,接著慢慢倒進另一個裝有卡士達奶油的打蛋盆內,充分攪拌作成摩卡奶油醬。

8

在泡芙的下半部擠上奶油醬

將步驟7的奶油醬裝進套有擠花嘴的擠花袋中,以畫圓的方式在步驟4已切半的下半部份擠上奶油醬,並蓋上風乾後的步驟6。

$\mathscr{A}$rrange

泡芙派

充滿魅力的泡芙內
包著口感酥脆的派
只要利用基礎泡芙皮作法即可輕鬆完成
一起來挑戰吧！

材料(8塊份)

基礎泡芙皮

A
├ 奶油（無鹽）…50g
├ 鮮奶…50ml
├ 水…50ml
└ 鹽…一撮

蛋…2顆
低筋麵粉…50g
冷凍派皮（20×20cm）…2張

奶油霜

卡士達奶油…160g
→詳見P.30水果塔的作法

鮮奶油…80ml

糖粉…適量

前置作業

●依照P.34～35的步驟1
～7製作卡士達奶油。

●低筋麵粉事先過篩。

●在烤盤與平底淺盤各
鋪上烤盤紙。

●烘烤前，先將烤箱以
200℃預熱。

pie chou

完成時間
160分鐘

賞味期限
放在冰箱
冷藏1天

∷∷ 泡芙派作法

1

**製作泡芙麵糊
並擠在烤盤上**

依照P.116泡芙的作法步驟1~5，製作基本泡芙麵糊。然後倒入裝有直徑1cm擠花嘴的擠花袋，在平底淺盤上擠出8個麵糊。

2

用手指沾水輕輕按壓

用手指沾水，在步驟1突起的尖端輕輕按壓，然後放進冰箱冷凍約2小時。

3

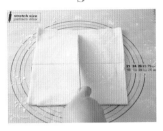

切開派皮並刺出透氣孔

將冷凍派皮切成4等分，共準備8張派皮。將派皮放在烤盤上，用叉子刺出透氣孔，在泡芙麵糊結凍前，也將派皮放進冰箱冷藏。

4

在派皮上放上冷凍的泡芙麵糊

取出冷凍的步驟2，在步驟3派皮的中央各放上一個泡芙麵糊。

5

在冷凍的泡芙麵糊上噴水

在步驟4的泡芙麵糊上噴上一些水，以防止乾燥。

6

**將派皮折起
包住泡芙麵糊**

將派皮的四角折往中央，如同茶巾般包住泡芙麵糊。並用手指緊壓，使之密合。

7

**放進烤箱烘烤後
取出待涼**

將步驟6放進以200°C預熱的烤箱烤約30分鐘，待烤好後，從烤盤取出放在散熱架上待涼。

8

**將鮮奶油與卡士達
奶油混合均勻**

在攪拌盆內倒入鮮奶油，一邊在盆底以冰水隔水降溫，一邊打至8分發泡，然後慢慢倒入另一個裝有卡士達奶油的打蛋盆內攪拌均勻。

9

**從泡芙派的底部
注入奶油霜**

將步驟8裝入套有小型擠花嘴的擠花袋內後，插入步驟7的泡芙派的底部注入奶油霜。最後用小篩子灑上糖粉即完成。

cherry claufoutis

完成時間 **55分鐘**

賞味期限 放在冰箱 冷藏 1 天

Basic

克拉芙堤

克拉芙堤的作法相當簡單，
只需將材料充分攪拌，放進烤箱烘烤即可
請趁熱享受這種軟綿綿的口感吧！

材料（550ml的焗烤盤1個份）

蛋…2顆
細砂糖…95g
低筋麵粉…50g
鮮奶…250ml
鹽…少許
奶油（無鹽）…15g
櫻桃白蘭地…1大匙
黑櫻桃（罐頭）…12顆

前置作業

● 事先在焗烤盤內塗上薄薄一層奶油（份量之外）。

● 低筋麵粉事先過篩。

● 將奶油加熱至融化。

● 烘烤前，先將烤箱以190℃預熱。

克拉芙堤作法

1

將蛋與細砂糖攪拌均勻

在攪拌盆內倒入蛋與細砂糖,用打蛋器攪拌均勻。

2

加入低筋麵粉一起攪拌

倒入已過篩的低筋麵粉,攪拌至看不見顆粒為止。

3

加入鮮奶一起攪拌

倒入鮮奶,充分攪拌至麵糊慢慢溶解。

4

將麵糊攪拌至呈柔滑狀

使用打蛋器將麵糊攪拌至呈柔滑的奶霜狀

5

加入鹽一起攪拌

加入少許的鹽。這是為了讓甜味更加突出所加入的秘密武器。

6

倒入融化的奶油一起攪拌

倒入融化的奶油,充分攪拌均勻。

7

加入櫻桃白蘭地一起攪拌

最後再加入櫻桃白蘭地,增添風味。不喜酒味者亦可不加。

8

將麵糊倒入裝有櫻桃的焗烤盤內

將步驟7倒入撒滿櫻桃的焗烤盤內,放進以190℃預熱的烤箱烤約40分鐘。烤好後即可享用。

Basic

烤蕃薯

這道甜點作法相當簡單，
只需將柔滑的蕃薯糊擠出後
放進烤箱烘烤即成
不管是趁熱吃或是冰涼後再吃都相當美味

材料(8個份)

蕃薯…400g
「奶油（無鹽）…20g
A 上白糖…2大匙
└柳橙汁…2大匙
蛋黃…1顆份
鮮奶油…2大匙
蘭姆酒…1小匙
蛋黃（增加光澤用）…1顆份

前置作業

●將蕃薯去皮後，切成厚
度5mm的片狀，並泡在水
裡。

●烘烤前，先將烤箱以
200℃預熱。

sweet potato

完成時間 **40**分鐘

賞味期限 放在冰箱冷藏 **3** 天

:::: 烤蕃薯作法

1

**將蕃薯、奶油、砂糖、
柳橙汁一起加熱**

在耐熱玻璃碗裡放入瀝乾水分的蕃
薯、材料A，用保鮮膜包覆後放入微
波爐加熱約7分鐘。

2

**將加熱過的蕃薯放進
食物調理機打勻**

將步驟1趁熱放進食物調理機，打成
柔滑狀。

3

將蛋黃與鮮奶油攪拌均勻

在小型打蛋盆內倒入蛋黃與鮮奶油，
充分攪拌均勻。

4

將蛋液倒入蕃薯內一起攪拌

在步驟2的食物調理機中加入步驟3，
繼續打成柔滑的糊狀。

5

接著倒入蘭姆酒一起攪拌

在步驟4內加入蘭姆酒，並充分攪拌
均勻。不喜酒味者亦可不加。

6

在鋁杯內擠出蕃薯糊

將步驟5裝進套有擠花嘴的擠花袋
中，在鋁杯上以畫圓的方式擠出蕃薯
糊後，排列在烤盤上。

7

**塗上蛋黃液後
放進烤箱烘烤**

在步驟6的表面，用刷子塗上增加光
澤用的蛋黃液，放進以200℃預熱的
烤箱烤15～20分鐘，烤至表面成焦
黃色。

8

放在散熱架上待涼

烤好後，從烤盤取出放在散熱架上待
涼。

Part

3

獨門的烤點心

烤蕃薯

127

使用製作甜點所剩下的蛋白來做小點心

下面將介紹三道點心，當材料還有多餘的蛋白時，請務必一起動手做做看。

蛋白脆餅

口感輕柔，又能享受堅果的香脆口感，是一道不可思議的點心

材料(約30顆份)

蛋白…2顆份
細砂糖…80g
核桃…70g

前置作業
●用平底鍋炒過核桃後再切碎。
●在烤盤鋪上烤盤紙。
●烘烤前，先將烤箱以120℃預熱。

作法

1 在攪拌盆內倒入蛋白，用手拿式攪拌器輕輕打發，途中將細砂糖分作數次加入，打至硬式發泡來製作蛋白霜。

2 在步驟1加入核桃，用橡皮刮刀從下往上翻攪均勻（圖a）。

3 使用二根湯匙舀起步驟2，放在烤盤上，使蛋白霜之間留有空隙（圖b）。

4 放進以120℃預熱的烤箱烤80～90分鐘。

椰香薄片

形狀捲曲是這道餅乾的最大特徵

材料(45枚分)

細砂糖…100g
低筋麵粉…40g
蛋白…2顆份
奶油(無鹽)…25g
椰子絲…35g

前置作業

●低筋麵粉事先過篩。

●將奶油加熱至融化。

●事先在烤盤鋪上烤盤紙。

●烘烤前,先將烤箱以170℃預熱。

作法

1 在攪拌盆內倒入細砂糖、低筋麵粉以及蛋白,用打蛋器充分攪拌至呈柔滑狀。

2 加入融化的奶油以及椰子絲,輕輕攪拌後,將打蛋盆蓋上保鮮膜,放進冰箱冷藏約30分鐘。

3 挖一小匙步驟2鋪於烤盤上,使麵糊間隔有空隙,並使用沾水的叉子壓平為直徑約5cm的大小(圖**a**)。

4 放進以170℃預熱的烤箱烤約8分鐘。

5 烤好後,戴上工作手套取出餅乾,趁熱鋪在擀麵棍上,做出捲曲的形狀(圖**b**)。

馬卡龍

馬卡龍的外型可愛，色彩豐富
最適合用來送禮

材料(各12個份)

馬卡龍麵糊

蛋白…2顆份
細砂糖…28g
A「杏仁粉…80g
　└糖粉…160g
水溶性食用色素(紅)…少許
點心用抹茶粉…⅔小匙
黃豆粉…5g

奶油霜

奶油(無鹽)…120g
蛋白…1顆份
B「細砂糖…60g
　└水…1大匙
覆盆子果醬、
黑芝麻粉…各1大匙

前置作業

●將奶油加熱至融化。
●將材料A事先過篩。
●事先在烤盤鋪上烤盤紙。
●烘烤前，先將烤箱以200℃預熱。

作法

1 製作馬卡龍麵糊。在攪拌盆內倒入蛋白，途中將細砂糖分作2～3次加入，用手拿式攪拌器打至硬式發泡，接著再將材料A篩入，用橡皮刮刀從底往上翻攪均勻。

2 將步驟1分作3等分，各倒入小型打蛋盆內。分別在這三個打蛋盆內加入水溶性食用色素、黃豆粉、抹茶粉後，攪拌至出現光澤為止。

3 分別將這三種麵糊倒入裝有擠花嘴的擠花袋內，在烤盤上擠出直徑約3cm大的麵糊，並將烤盤往鋪有溼抹布的桌上輕敲幾下，以去除麵糊中多餘的空氣。

4 就這樣放置約30分鐘，待觸摸馬卡龍麵糊不會沾黏麵糊時，即可放進以200℃預熱的烤箱烤3分鐘，然後打開烤箱門使溫度稍微下降，接著改以140℃烤15分鐘。待整個烤盤完全冷卻後，再撕除烤盤紙。

5 製作奶油霜。在打蛋盆內倒入奶油，用打蛋器攪拌為奶霜狀。接著在另一個打蛋盆內倒入蛋白打至硬式發泡，做成蛋白霜。

6 在鍋內倒入材料B煮乾後，慢慢倒入裝有蛋白霜的打蛋盆內一起攪拌。接著再與奶油一起攪拌。然後分作3等分，其中一份加入覆盆子果醬，另一份則加入黑芝麻攪拌均勻。

7 將步驟4以2個為1組，在粉紅色的馬卡龍夾上覆盆子奶油，黃豆粉馬卡龍夾上黑芝麻奶油，而抹茶馬卡龍則夾上奶油霜。

PART 4

甜蜜冰涼
的點心

本單元除了介紹入口即化的冰品與雪寶之外，
當然也少不了柔軟有彈性的布丁與果凍
這些都是作法相當簡單的點心
也很適合當作飯後甜點

Basic

卡士達布丁

這是將蛋、砂糖以及鮮奶等簡單材料的原味
發揮至極限所誕生的美味甜點

材料（直徑6.5cm的布丁烤模5個份）

布丁
蛋…3顆
鮮奶…300ml
上白糖…70g
香草精…少許

焦糖漿
┌ 細砂糖…40g
A │ 水…1大匙
└ 熱水…1大匙

前置作業

● 事先在布丁烤模內塗上薄薄
一層奶油（份量之外）。

● 烘烤前，先將烤箱以170℃
預熱。

custard pudding

完成時間
70分鐘

賞味期限
放在冰箱
冷藏 2 天

卡士達布丁作法

1

將砂糖與水煮乾

製作焦糖漿。在小鍋子內倒入材料A,以小火煮至變成焦糖色。

2

關火後,倒入熱水

關火後,趁尚未凝固前倒入熱水,快速攪拌均勻。在倒入熱水時,熱水可能會濺出來,要特別小心。

3

平均倒入布丁烤模

趁熱將步驟2平均倒入布丁烤模中。

4

在鮮奶中加入砂糖一起加熱

製作布丁液。在另外的鍋內倒入鮮奶後,加熱至與皮膚溫度相同後,再加入砂糖,用木杓攪拌至砂糖溶解。要注意鮮奶不可煮沸。

5

在蛋液裡倒入溫熱的鮮奶一起攪拌

在攪拌盆內將蛋打散後,慢慢加入步驟4一起攪拌,接著加入香草精。

6

將布丁液以篩子過篩

將步驟5的布丁液以篩子過濾,使布丁液更柔滑。

7

平均倒入布丁烤模中

將步驟6的布丁液平均倒入步驟3的烤模內。

8

在烤盤內注入熱水後放進烤箱烘烤

將步驟7並排在烤盤上,並注入熱水,放進以170℃預熱的烤箱蒸烤30分鐘。接著關火讓布丁在烤箱內續蒸10分鐘。

9

放在冰箱冷藏後,脫模取出

待步驟8稍涼後,放進冰箱冷藏,其後用竹籤沿著烤模內側劃一圈,然後用指腹輕輕按壓,使空氣進入布丁與烤模之間,即可將布丁脫模。

Basic

咖啡凍

這是一道製作時間只要10分鐘
後續只需交給冰箱即可輕鬆完成的甜點！

材料(11×14cm的盛裝盒1個份)

A ┌ 即溶咖啡…3大匙
　│ 水…600ml
　└ 細砂糖…70g
吉利丁粉…12g
冷水…4大匙
泡泡糖糖漿（gomme syrup）…適量
鮮奶油…80ml
薄荷葉…適量

前置作業
● 吉利丁粉先倒進冷水泡脹（圖a）。
● 盛裝盒先用水洗過。

完成時間 **70分鐘**
賞味期限 放在冰箱冷藏2天

cube coffee jelly

∷ 咖啡凍作法

1

將吉利丁倒進咖啡液裡溶化

在鍋內倒入材料A，開火煮至細砂糖溶化後即可關火，然後倒進泡脹的吉利丁粉，攪拌至溶化為止。

2

將咖啡吉利丁液倒進盛裝盒

待步驟1稍涼之後，即可倒進盛裝盒，放進冰箱冷藏凝固。

3

**脫模後，
即可切塊盛裝**

待步驟2凝固後，將盛裝盒浸泡在裝有熱水的平底淺盤，再將咖啡凍脫模。將咖啡凍切成寬2cm的塊狀，最後加上稍微打發的鮮奶油與薄荷葉做裝飾。

Arrange

水果酒凍

這是在清涼透明的吉利丁液中，
添加大量水果所製成的可愛果凍

材料（直徑18cm的天使蛋糕烤模1個份）

白酒（甜味）…300ml

A 「水…300ml
└ 細砂糖…75g

吉利丁粉…15g

冷水…75ml

哈密瓜…½顆

水蜜桃（罐頭）…½罐（85g）

裝飾用草莓…適量

前置作業

● 吉利丁粉先倒進冷水泡脹（圖**a**）。

● 將哈密瓜果肉挖成球狀，將水蜜桃切成寬2cm的塊狀，並瀝乾水分。

● 天使蛋糕烤模先用水洗過。

作法

1 在鍋內倒入材料A開火加熱，待細砂糖溶解後即可關火，倒入泡脹的吉利丁粉攪拌至溶化。

2 待步驟1稍涼後，在清洗過的烤模倒入一顆蛋份量的吉利丁液，放進冰箱凝固。剩下的吉利丁液則放在室溫下，避免凝固。

3 待步驟2的果凍凝固後，灑上哈密瓜與水蜜桃，倒入剩下的吉利丁液，再度放進冰箱冷藏凝固（圖**a**）。

4 待步驟3凝固後，將烤模浸泡在熱水溫熱，再倒扣在盤子上脫模，最後在中央加上草莓做裝飾。

peach yogurt mousse

完成時間 **130**分鐘

賞味期限
放在冰箱
冷藏 **2** 天

水蜜桃
優格慕斯

吃進嘴裡的輕柔口感
與水果相當對味。
可選用自己喜歡的烤模

材料(100ml的果凍模4個份)

吉利丁粉…5g
冷水…3大匙

A
水蜜桃（罐頭）…2片
水蜜桃罐頭糖漿…100ml
優格…100g
上白糖…1大匙
櫻桃白蘭地…2小匙
檸檬汁…1小匙

鮮奶油…50ml
水蜜桃（罐頭）…1片
薄荷葉…適量

前置作業

●吉利丁粉先倒進冷水泡脹。

●果凍模先用水洗過。

136

水蜜桃優格慕斯作法

用微波爐將吉利丁加熱溶化

將泡脹的吉利丁倒入耐熱容器，用微波爐加熱約20秒，並用湯匙攪拌使之溶化。

將水蜜桃、優格以及吉利丁等倒進果汁機打勻

在果汁機中倒入材料A以及溶化的步驟1，迅速打勻。

倒入鮮奶油再度打勻

在步驟2的果汁機中加入鮮奶油，再次打勻。

一邊讓慕斯液待涼一邊攪拌至濃稠狀

將步驟3倒入攪拌盆內，一邊以冰水隔水降溫，一邊用橡皮刮刀攪拌至濃稠狀。

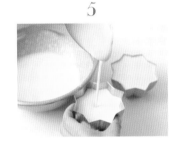

倒入果凍模內

將步驟4平均倒入清洗過的果凍模，放進冰箱冷藏凝固。

將裝飾用的水蜜桃切成薄片

製作裝飾用的花朵。將水蜜桃切成厚度2mm的薄片。

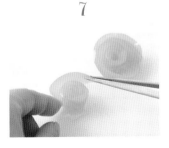

用筷子捲成花朵形狀

利用筷子，將步驟6由內往外捲成盛開的玫瑰，共做4朵。

將果凍模在熱水中浸泡一下

待步驟5凝固後，從冰箱取出並浸泡在熱水中一會兒，就會比較容易脫模。

盛裝在容器上最後加上水蜜桃花

將步驟8倒扣在容器上，最後加上步驟7以及薄荷葉做裝飾。

水果牛奶雙色慕斯凍

不同口味及口感的雙層果凍，不僅外觀賞心悅目，吃起來也相當可口

材料(容量150ml的玻璃杯4個份)

A
- 鮮奶…600ml
- 細砂糖…30g
- 玉米澱粉…4½大匙

杏仁精（有的話）…少許

B
- 柳橙汁（100%果汁）…400ml
- 細砂糖…10g

吉利丁粉…4g

冷水…2大匙
藍莓、覆盆子…各適量
細葉芹…適量

前置作業

●吉利丁粉先倒進冷水泡脹。

完成時間
130分鐘

賞味期限
放在冰箱
冷藏2天

blancmanger fruit verrine

::: 水果牛奶雙色慕斯凍作法

1

**將鮮奶、細砂糖、
玉米澱粉一邊攪拌，一邊煮沸**

在小鍋內倒入材料A，一邊以小火加
熱，一邊用木杓攪拌均勻。

2

**一邊泡在冰水降溫
一邊攪拌**

待步驟1煮至沸騰且呈濃稠狀時，即
可關火，加上杏仁精充分攪拌後，一
邊以冰水隔水降溫，一邊攪拌。

3

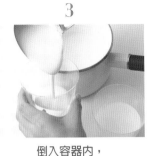

**倒入容器內，
放進冰箱冷藏凝固**

待步驟2的果凍液變涼之後，平均倒
進玻璃杯中，放進冰箱冷藏凝固。

4

製作柳橙果凍液

在另一個小鍋子內倒入材料B，開火
煮至細砂糖溶解後，再倒入吉利丁攪
拌至溶化。

5

**倒入平底淺盤，
放進冰箱冷藏凝固**

在平底淺盤中倒入步驟4，待稍涼
後，放進冰箱冷藏凝固。

6

使用湯匙將柳橙果凍攪碎

柳橙果凍凝固後，使用湯匙將果凍攪
碎。由於柳橙果凍相當柔軟，因此凝
固後仍然相當柔滑。

7

在容器內盛裝第二層果凍

在步驟3的玻璃杯內裝入步驟6攪碎
的果凍，做出牛奶口味與柳橙口味的
雙層果凍。

8

擺上水果裝飾

最後在柳橙果凍的中央擺放藍莓以
及覆盆子，並放上細葉芹做裝飾。

完成時間 **130**分鐘

賞味期限 放在冰箱 冷藏 2 天

mango pudding

芒果布丁

只需使用罐頭即可做出超人氣的亞洲風味甜點,請務必挑戰看看!

材料(容量150ml的玻璃杯4個份)

芒果(罐頭)
…230g(只取果肉)

A ┌ 水…180ml
  └ 細砂糖…50g

吉利丁粉…10g

冷水…3大匙

香草冰淇淋…100g

B ┌ 鮮奶油…4大匙
  └ 無糖煉乳…3½大匙

無糖煉乳…適量

細葉芹…適量

無糖煉乳
即不含糖份的煉乳。將鮮奶經加熱殺菌後,熬煮濃縮而成的產品。常用於做料理或點心時使用,以增添濃厚風味。其主要特徵,在於其濃稠度比煉乳(condensed milk)還要來得稀。

前置作業

● 吉利丁粉先倒進冷水泡脹。

● 將裝飾用的芒果30g切塊備用。

芒果布丁作法

1

將芒果打成泥狀

將200g芒果倒進食物調理機打成泥狀。

2

將芒果與砂糖、水一起拌煮

在小鍋子內倒入材料A，一邊開火加熱一邊攪拌，在快要煮沸前即關火。

3

趁熱加入吉利丁使之溶化

趁步驟2還溫溫熱時，加入吉利丁攪拌至溶化。

4

一邊冷卻，一邊攪拌

將步驟3泡在冰水中降溫，並用木杓攪拌。

5

與冰淇淋一起攪拌

待步驟4稍涼後，即可拿開冰水，倒入香草冰淇淋充分攪拌至溶化。

6

倒入鮮奶油與煉乳

加入材料B，攪拌成柔滑的布丁液。

7

倒入玻璃杯內，放進冰箱冷藏凝固

將步驟6平均倒入玻璃杯，放進冰箱冷藏凝固。

8

淋上煉乳，並擺上芒果

待步驟7凝固後，淋上煉乳，在中央擺上切塊的芒果，最後加上細葉芹做裝飾。

Basic

杏仁豆腐

這道在中國相當受歡迎的甜點作法也很簡單。
其獨特的風味，
就靠杏仁粉來提味！

材料(4人份)

A ┌ 鮮奶…500ml
　└ 細砂糖…20g
吉利丁粉…10g
冷水…3大匙
杏仁粉…3大匙
鮮奶油…100ml
B ┌ 檸檬汁…1大匙
　│ 水…100ml
　└ 細砂糖…100g
枸杞…適量

前置作業
● 吉利丁粉先倒進冷水泡脹。
● 先將枸杞泡水還原。

杏仁粉
此乃杏仁粉加上澱粉、砂糖、脫脂奶粉等混合製成的產品。常用於製作杏仁豆腐等甜點、或杏仁風味的點心及茶飲，使用相當方便。

完成時間 **120分鐘**

賞味期限 放在冰箱冷藏 2 天

apricot kernel jelly

▓ 杏仁豆腐作法

1

**將鮮奶、細砂糖一起煮沸，
使吉利丁溶化**

在鍋內倒入材料A開火煮沸，待沸騰後即關火，倒入泡脹的吉利丁一起攪拌至溶化後，即可放置一旁。

2

將杏仁粉與鮮奶油一起攪拌

在攪拌盆內倒入杏仁粉，並慢慢倒入鮮奶油，用打蛋器充分攪拌均勻。

3

與牛奶凍液一起攪拌

將步驟2倒入步驟1的鍋內，充分攪拌均勻。

4

用篩網過濾

將步驟3以篩網過濾倒入另一個攪拌盆內，使液體變得更細緻柔滑。

5

**蓋上保鮮膜
放進冰箱冷藏凝固**

使用保鮮膜將步驟4整盆包起來，放進冰箱冷藏凝固。

6

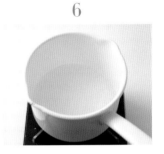

製作檸檬風味糖漿

製作糖漿。在鍋內倒入材料B，開火煮至細砂糖溶解後即可關火。待稍涼後，即可放進冰箱冷藏。

7

用湯匙將杏仁豆腐裝到容器內

待步驟5凝固之後，使用湯匙隨意挖出適量豆腐，裝到容器內。

8

**淋上糖漿，
並放上枸杞**

在步驟7淋上冰涼的步驟6，最後擺上瀝乾水分的枸杞即可。

完成時間 **200**分鐘

賞味期限 放在冰箱 冷凍 5 天

marshmallow ice cream

asic

棉花糖冰淇淋

在基本的香草冰淇淋中混入棉花糖
可充分享受其特殊口感

材料（容量150ml的玻璃杯4個份）

蛋黃…3顆份
上白糖…75g
鮮奶…160ml
香草精…少許

鮮奶油…120ml
棉花糖（白色）…8粒
A「細砂糖…1大匙
└水…1小匙

杏仁碎粒…15g
奶油…5g

前置作業

●將棉花糖切成4等分備
用。

144

棉花糖冰淇淋作法

1

將蛋黃與上白糖充分攪拌

在打蛋盆內將蛋黃打散，並加入上白糖，使用手拿式攪拌器以高速打發。

2

倒入溫熱的鮮奶一起攪拌

在小鍋子內倒入鮮奶，加熱至與皮膚溫度相同為止，然後慢慢倒入步驟1，用手拿式攪拌器以低速攪拌均勻。

3

加熱拌煮至濃稠狀

將步驟2倒入鍋內以小火加熱，加入香草精後，用橡皮刮刀拌勻。將步驟2慢慢加熱至冒出水蒸氣，且呈濃稠狀為止。

4

**以篩網過濾
使冰淇淋液更加柔滑**

將步驟3以篩網過濾，倒入其他的攪拌盆內，使冰淇淋液更加細緻柔滑。

5

**將冰淇淋液急速冷卻，
待涼後放進冰箱冷凍**

將步驟4的攪拌盆一邊泡在冰水急速冷卻，一邊攪拌，待稍涼後放進冰箱冷凍1小時。

6

**從冰箱取出後，
用手拿式攪拌器攪拌**

從冰箱取出步驟5，使用手拿式攪拌器將凝固的冰淇淋攪碎，使之充滿空氣。

7

加入打發的鮮奶油一起攪拌

在另一個攪拌盆內倒入鮮奶油，一邊以冰水隔水降溫，一邊打至呈黏稠狀，然後倒入步驟6一起攪拌均勻，再放進冰箱冷凍。

8

使用杏仁製作淋醬

將材料A倒進平底鍋內，以小火拌炒至呈焦糖色後關火，接著加入杏仁碎粒、奶油，用木杓攪拌後，鋪在烤盤紙上待涼。

9

**加入棉花糖一起攪拌，
即可完成**

約過了1小時後，將步驟7取出，用打蛋器攪碎。重複此一步驟約2次。在第3次倒入棉花糖一起攪拌後，盛裝到容器內，最後淋上步驟8做裝飾即可。

洋梨雪寶

以冰涼的雪寶來抑制罐頭洋梨強烈的甜味
完成一道口感清爽的冰品

材料(4人份)

蘋果汁…200ml

細砂糖…2大匙

A　洋梨(罐頭)…1罐(240g)
　　水…50ml
　　檸檬汁…3大匙

薄荷葉…適量

完成時間
190分鐘

賞味期限
放在冰箱
冷凍 7 天

pear sherbet

洋梨雪寶作法

1

將蘋果汁與細砂糖一起煮融

在鍋內倒入蘋果汁與細砂糖，開火加熱至細砂糖溶解後，即可關火待涼。

2

將洋梨罐頭、水與檸檬汁一起打勻

在果汁機內倒入材料A（連同洋梨罐頭的糖漿），打成泥狀。

3

倒入冷卻的蘋果汁一起打勻

待步驟1冷卻後倒進步驟2，繼續用果汁機打勻。

4

倒入平底淺盤
放進冰箱冷凍凝固

將步驟3倒進平底淺盤，蓋上保鮮膜後，放進冰箱冷凍。

5

約過一小時後取出
加以攪碎

約過了1小時後取出，若步驟4已完全凝固，則使用叉子將洋梨雪寶整個攪碎，使雪寶充滿空氣。

6

再度蓋上保鮮膜
放進冰箱冷凍凝固

接著再用保鮮膜將步驟5包起來，放進冰箱冷凍1小時。重複此步驟約2～3次。

7

最後取出來
充分攪碎後即完成

若結凍的雪寶整體沒有呈現出水分，可將攪碎的雪寶繼續攪拌變得更碎。

8

將雪寶裝到容器內
最後灑上薄荷葉

將攪碎的雪寶裝到容器內，最後灑上切碎的薄荷葉即可。

水果搭配優格滋味絕佳！
鮮艷的色彩也是好吃的秘訣之一

完成時間 **190**分鐘

賞味期限 放在冰箱 冷凍 3 天

Basic

藍莓
優格冰沙

材料(4人份)

冷凍藍莓…20顆　　　藍莓果醬…適量
┌優格…200g　　　　威化餅乾…4片
A 鮮奶…100ml
└上白糖…2大匙

作法

1 在食物調理機(或是果汁機)內倒入冷凍藍莓與材料A加以攪碎，殘留些許藍莓顆粒。

2 將步驟1倒入平底淺盤，蓋上保鮮膜後，放進冰箱冷凍。

3 過了2小時後將步驟2取出，將整體攪碎。此一步驟約重複2～3次。

4 將步驟3裝到容器內，最後加上藍莓果醬以及威化餅乾做裝飾。

Basic

奇異果
優格冰沙

材料(4人份)

奇異果…4顆
┌優格…200g
│鮮奶油…3大匙
A
│蜂蜜、
└上白糖…各2大匙

前置作業

●將奇異果去掉外皮後，切成一口大小。

作法

1 在食物調理機(或是果汁機)內倒入奇異果與材料A，然後輕輕攪碎。

2 將步驟1倒入平底淺盤，蓋上保鮮膜後，放進冰箱冷凍。

3 過了2小時後將步驟2取出，將整體攪碎。此一步驟約重複2～3次後，即可完成。

只要使用鮮奶與水果即可快速完成
是道作法相當簡單的甜點飲料

完成時間
10分鐘

賞味期限
放在冰箱
冷凍3天

Smoothie

Basic

夏威夷雪泡

材料(4人份)

香蕉…1根
鳳梨…½個（470g）

A
鮮奶…200ml
蜂蜜…1½大匙
冰塊…適量

前置作業

● 香蕉先剝去外皮切成
一口大小後，用保鮮膜
包起來，放進冰箱冷凍。

● 裝飾用的鳳梨方面，先
切一片厚度約5mm帶皮
的鳳梨，並分作4等分，
其餘的則去掉外皮後切
成一口大小，用保鮮膜
包起來放進冰箱冷凍。

作法

1 在果汁機內倒進冷凍香蕉、鳳梨以及材料A，將所有材
料打至看不見顆粒為止。

2 將雪泡平均倒在玻璃杯內，最後各放一片裝飾用鳳梨
加以點綴。

Basic

草莓雪泡

材料(4人份)

草莓…300g

A
鮮奶…200ml
煉乳…50ml

OREO餅乾…4片

前置作業

● 草莓去掉蒂頭後，放進
冰箱冷凍。

● OREO餅乾事先用菜
刀切碎。

作法

1 在果汁機內倒進冷凍草莓以及材料A，將所有材料打
至看不見顆粒為止。

2 將雪泡平均倒在玻璃杯內，最後灑上OREO餅乾做裝
飾。

製作甜點時的重要
前置作業

若能充分做好事前準備，製作甜點時過程就會很順利。

下面將介紹在本書的「前置作業」單元中頻繁出現的項目，並附上詳細的圖解。

道 具 的 事 前 準 備

烤 模

在烤模上塗上一層薄薄的奶油，或是鋪上一張專用型紙或烤盤紙。

◉ 蛋糕專用圓形烤模

若手邊沒有專用型紙，也可以將烤模放在烤盤紙上，沿著烤模剪出圓形底部。側面部份，則概略估計高度與圓周大小（稍長），然後剪成長條狀。

◉ 磅蛋糕專用烤模

若手邊沒有專用型紙，也可以將烤盤紙放在烤模內，配合烤模的高度與底部折出摺痕，然後將烤盤紙的四角剪開、重疊後，再放入烤模內。

◉ 瑪芬專用烤模

不用塗奶油，直接在烤模內鋪上專用型紙。

塗上一層薄薄的奶油後再灑上乾粉（適量）

◉ 瑪德蓮貝殼蛋糕、費南雪等

在小型烤模上，用刷子塗上融化的奶油，就能塗得很漂亮。

塗完奶油後，再灑上當作乾粉之用的高筋麵粉，並拍掉多餘的麵粉。

◉ 烤盤

例如蛋糕捲等
須倒入麵糊進行烘烤時

在烤盤紙裁切成適合鋪在烤盤的大小，接著在烤盤紙的四角剪出切痕，使烤盤紙與邊緣高度吻合。

例如餅乾等
將麵團並排一起烘烤時

不用塗奶油，只要裁好一張大小與烤盤底部相同的烤盤紙，鋪在烤盤上即可。烤盤邊緣不需鋪烤盤紙。

烤 箱

事先預熱

依照食譜所指定的溫度，配合烤箱規定的時間事先預熱。若是太早預熱，烤箱很快就會冷卻，因此最好在開始進行烘培的前10分鐘，與其他作業同時進行，再開始預熱。

材料的事前準備

蛋與牛奶

使溫度回到常溫

這是為了讓材料更容易攪拌,使麵團攪拌均勻。只要沒有註明「放在冰箱冷藏」,就必須使溫度回到常溫。

粉類

低筋麵粉(高筋麵粉)需過篩

這是為了避免材料混合時出現顆粒。為了避免麵粉的顆粒殘留在烤好的麵糊上,必須將麵粉過篩。使用篩子,從20cm左右的高度將麵粉過篩至紙上或碗內。

將多種粉類混合後一併過篩

需要將低筋麵粉與發粉,或是低筋麵粉與可可粉或抹茶粉等粉類混合時,只要一併過篩,在攪拌時就能夠充分攪拌均勻。

巧克力

巧克力必須事先切碎

巧克力大多需先融化後再使用,因此只要事先將巧克力切碎,經隔水加熱後很快就會融化。

奶油

奶油必須事先置於室溫下軟化

這是因為攪拌奶油時,從冰箱取出的奶油太硬,不容易攪拌。奶油軟化的程度,以用手指一壓就會留下手指壓痕為基準。

奶油必須事先融化備用

即事先使奶油完全融化成液狀。可將奶油置於耐熱鍋中隔水加熱、或是不需蓋上保鮮膜,直接放到微波爐內加熱10～20秒,即可加速融化。

放在冰箱冷藏

即將事先秤好重量的奶油,根據作法進行切塊等加工後,放入冰箱中冷藏。在製作口感香脆的派類或司康餅時,常會使用未經融化的奶油來製作沒有黏性的麵團。

吉利丁

吉利丁必須事先泡脹

●吉利丁粉
依照食譜倒入指定份量的冷水,將吉利丁粉泡脹。

●吉利丁片
將吉利丁片浸泡在適量的冰水中泡脹後,將水分瀝乾來使用。

製作甜點必學的
基本攪拌方法

本單元將介紹經常出現的鮮奶油、蛋、麵團、奶油以及粉類的攪拌方法，並針對出現率高的攪拌方法進行解說。

鮮奶油

與牛奶不同，在使用之前必須先置於冰箱內冷藏，即使打發時也必須一邊隔水降溫，一邊打發，這是使用鮮奶油的不二法門。

將打蛋盆置於冰水中隔水降溫

在攪拌盆中倒入鮮奶油，再加入砂糖，一邊將以冰水隔水降溫，一邊打發。

打至7分發泡

使用手拿式電動攪拌器攪入空氣，將鮮奶油打發至攪拌器舉起後鮮奶油呈黏稠狀，滴落時會留下痕跡。這種硬度的鮮奶油，適合塗在蛋糕表面。

打至8分發泡

將打至7分發泡的鮮奶油繼續打發，直到舉起攪拌器後鮮奶油呈硬狀，不會滴落。這種硬度的奶油，適用於擠花。

蛋

蛋的攪拌方法除了製作蛋白霜時只使用蛋白外，亦有使用蛋黃、全蛋等，依照用途的不同而各具特色。

［全蛋（一併攪拌）］
打至顏色變白呈柔滑狀

適用於製作海綿蛋糕與蛋糕捲。將蛋與砂糖一邊隔水加熱，一邊打發（蛋經加溫後比較容易打發），當溫度加熱至與皮膚一樣時，即可拿開熱水，使用手拿式攪拌器以高速打發蛋糊，打至顏色變白呈柔滑狀。

［蛋黃＋砂糖］
攪拌至顏色變白

適用於製作戚風蛋糕等需要分開打發來製作的麵糊時。在打蛋盆中倒入蛋黃與細砂糖混合打發，打至蛋黃顏色變白，蛋糊呈光滑狀為標準。

［蛋白＋砂糖］
將蛋白打發呈細小泡沫後再加入砂糖

適用於製作戚風蛋糕等的蛋白霜。先將蛋白打散後，使用手拿式攪拌器稍微打發。待蛋白呈細小泡沫狀後，再加入砂糖攪拌。

繼續將蛋白打發至舉起攪拌器後泡沫呈硬狀

接著繼續打發，將剩下的砂糖分二次加入，使用手拿式攪拌器打發至泡沫呈硬狀，攪拌器舉起後泡沫不會滴落。這種硬式泡沫細緻綿密，適合製作鬆軟的蛋糕。

奶油

在混合之前，必須先將奶油置於室溫下回溫，使之軟化，此乃不二法則。理想的軟化程度是，用手指一壓即可輕易地壓扁奶油。

混合至呈乳霜狀

適用於製作蛋糕等麵糊。使用手拿式攪拌器將回溫軟化的奶油攪碎，攪拌時使奶油充滿空氣且呈乳霜狀。由於砂糖與粉類等是否易於攪拌取決於奶油，因此攪拌奶油就成了製作柔滑麵糊的一大重點。

[奶油＋砂糖]
加入砂糖攪拌均勻

將砂糖分2～3次加入呈乳霜狀的奶油中，使用手拿式攪拌器攪拌均勻。在此一步驟中，攪拌時必須讓奶油整體充滿空氣。

攪拌至奶油顏色變白呈柔滑狀

攪拌時，需攪拌至砂糖完全融化，直到奶油顏色變白呈柔滑狀。將奶油攪拌至充滿空氣且呈柔滑狀，是製作口感極佳的蛋糕的一大訣竅。

粉類

別忘了事先將粉類過篩，或是將粉類篩入攪拌。這樣粉類會變得更細緻，更容易攪拌均勻。

加入粉類後從底往上翻攪

在打散的蛋液加入粉類，攪拌時，使用橡皮刮刀以切半的方式（上圖）將麵糊翻攪拌勻（下圖）。如此不斷重複此一步驟，直到看不見顆粒為止。攪拌時，注意不要過於用力，以免破壞好不容易打發的泡沫，這是製作蓬鬆柔軟的蛋糕的訣竅。

蛋白霜（蛋白）

蛋白霜是將蛋白打發後的產物，攪拌時，最重要的就是避免破壞泡沫。

加入蛋白霜(蛋白)後從底往上翻攪

剛開始時，先在麵糊中加入少量的蛋白霜充分攪拌，使蛋白霜均勻分佈在麵糊中。之後與粉類一樣，使用橡皮刮刀以切半的方式將麵糊翻攪拌勻，重點在於盡量快速拌勻，以避免破壞蛋白霜的泡沫。

本書所使用的基本材料

下面將介紹本書所使用的基本材料，涵蓋甜點製作的主角以及配角。讓我們一同來認識各種材料的特徵與效果，做出美味可口的甜點吧！

上白糖（左上）
即一般的白砂糖。由於甜度與水分較高，適合在甜點最後完工時使用，以充分發揮其特性。

細砂糖（右上）
這種砂糖沒有強烈的甜度與味道，呈乾燥的結晶狀，因此不會破壞素材原有的味道，常用於甜點製作上。

糖粉（左下）
即將細砂糖磨成細緻的粉末。由於糖粉容易溶解，大多用於水分含量較少的麵團或灑在成品上。

三溫糖（右下）
由於三溫糖的甜味樸實濃厚，常用來製作味道講究的麵團。精製度低、含豐富的礦物質，為三溫糖的主要特徵。

低筋麵粉（照片上方）
為顆粒較細緻的麵粉，不易產生黏性，主要適用於製作口感清爽的甜點。

高筋麵粉（照片下方）
為黏性較強的麵粉，常用於製作口感紮實的派以及麵包。此外，由於高筋麵粉的顆粒較大，不易吸收水分，故不易揉成麵團，最適合作為乾粉使用。

泡打粉（左）
使蛋糕等烤點心能充分膨脹的膨脹劑。使用時一定要慎重計算用量，在事前準備階段時，與低筋麵粉一起過篩後備用。

玉米澱粉（右）
以玉米為原料所製成的澱粉。適用於製作濃稠的卡士達奶油等。做菜時，其功用相當於太白粉。

鮮奶油（左）
打發後可作為裝飾之用，或是經混合後做成質地柔滑且味道香醇的麵糊。其乳脂肪成份愈高，味道愈香濃。製作甜點時，常使用動物性鮮奶油。

鮮奶（右）
在甜點中添加鮮奶能增添柔順口感。大多使用成份未經調整的一般鮮奶。可增添甜點的風味，補充麵糊中的水分。

蛋
即雞蛋。在本書當中，製作甜點所使用的全都是中型雞蛋。儘管同樣都是中型雞蛋，其大小與內容物質量也會因蛋而異，因此最好盡量選用大小相同的雞蛋。

奶油乳酪（上）
味道醇厚且帶有酸味的生乳酪，為製作乳酪蛋糕時不可或缺的材料。在乳酪類中，組織相當柔滑為其特徵，易與麵糊攪拌。

奶油（下）
可增添甜點的風味與醇厚口感的油脂。由於奶油會影響甜點纖細的味道，因此在本書當中全都使用無鹽奶油。

酸奶油（左）
酸奶油是在生奶油中加入乳酸菌經發酵製成，味道比優格更柔和香濃，口感比奶油乳酪更清淡爽口。

優格（右）
除了可製作優格冰淇淋之外，若想讓甜點的味道更加清爽時，可用優格代替鮮奶或生奶油使用。製作甜點時均使用原味優格。

可可粉（左）
製作巧克力色蛋糕或餅乾時，與低筋麵粉一起混合使用。製作甜點時均使用無糖可可粉。

點心專用抹茶粉（右）
想為甜點增添茶香時所添加的粉末。與一般飲用的抹茶相較之下，即使加熱後也不容易褪色，可為甜點增添漂亮的綠色。

香草油（左）
萃取香草的香味所製成的食用油。使用比起一般香草更加方便，經加熱後香味不減，適用於烘培類甜點。

香草精（中）
帶有香草香味的合成精華。經加熱調理後香味會減弱，適用於製作奶油與冰品。

杏仁精（右）
帶有杏仁香味的合成精華。可取代杏仁粉來製作杏仁豆腐。

調溫白巧克力（左上）
調溫苦甜巧克力（右下）
為點心專用巧克力，調理相當方便，其味道及濃度適合製作巧克力類點心。除了有牛奶、苦味、以及苦甜等口味之外，還有糖衣專用巧克力。

橘子酒（左）
蘭姆酒（中）
櫻桃白蘭地（右）
本書所使用的利口酒。常用於塗在蛋糕上的糖漿、巧克力、奶油等，以增添風味。不喜酒味者也可以不加。這種酒主要是用來製作甜點，最好選購容量及價格適中的產品。

堅果類（上）
乾果類（下）
加在麵團中可增添獨特口感與香味的點心專用食材。堅果類除了可用來增添風味之外，亦可進行加工方便使用；乾果的用量及大小亦可進行加工。

吉利丁粉（左）
吉利丁片（右）
以動物性膠質所製成的凝固劑。吉利丁粉需先倒入冷水，泡脹後使用。吉利丁片則需泡在大量冰水中使之變軟，將水份瀝乾後使用。

本 書 所 使 用 的 基 本 工 具

下面將介紹在本書當中製作甜點時使用的工具。
從最基本的工具到使用便利的工具,均詳加介紹。

磅秤

欲測量材料的重量或是測量麵團切割後的重量時使用。建議使用可精準測量至1公克的電子秤。

量杯

透明量杯(右)可清楚看見內容物,相當便利,不過還是建議使用可隔水加熱、測量一杯份(200ml)的不鏽鋼量杯(左)。

量匙

欲測量材料重量時,使用量匙舀滿一匙來測量。亦有三隻一組的量匙,內附使用相當便利的½小匙(3杓=½大匙),可用來測量液體的½容量。

攪拌盆

攪拌材料時或是打蛋時使用的容器。分成可用來隔水加熱或降溫用、導熱性極佳的不鏽鋼打蛋盆(上),以及重量較重、安定性佳的耐熱玻璃製打蛋盆(下)。

打蛋器

可用來攪拌蛋、鮮奶油、以及麵糊等。選購鋼圈愈多、握柄愈堅固的打蛋器,愈能將材料攪拌成光滑狀。同時,也要視材料份量選用合適尺寸的打蛋器。

手拿式攪拌器

在打發蛋、奶油以及生奶油時,手拿式電動攪拌器比起手動的打蛋器能夠高速地打出細緻的泡沫。使用時,必須遵照作法所規定的速度以及強度的指示。

篩子

大篩子（左）除了可用來過篩粉類、過濾麵糊，使麵糊更加細緻之外，亦可取代竹篩來晾乾清洗過的材料。小篩子（右）則適用於過篩少量粉類、或灑上裝飾用粉類時，相當好用。

小鍋子

欲將少量醬汁、鮮奶或是生奶油等溫熱時使用。最好使用附有尖嘴的琺瑯製單柄鍋，使用上較為方便。

平底淺盤

除了用來倒入材料之外，亦可作為果凍、巧克力、雪寶、冰品等冷卻凝固之用。或是使卡士達奶油冷卻、撒粉之用等。最好備妥各種深度及大小的平底淺盤，以方便使用。

木杓

在鍋內或平底鍋內一邊加熱材料，一邊攪拌時使用。木杓的尖端有方形、圓形、長柄等各種形狀，可根據不同用途開分使用，較為便利。

刮板

將麵糊倒入烤模後，用來刮平麵糊、或是於分割、刮除揉成一團的麵團時使用。在製作司康時，可一邊切割奶油，一邊揉合低筋麵粉。

橡皮刮刀

用於攪拌材料。由於橡皮刮刀帶有彈性，適合用來攪拌奶油狀的材料、翻攪麵糊、以及刮除附著在鍋內或打蛋盆邊的麵糊。最好選用耐熱性佳、刮刀與握柄一體成形的橡皮刮刀。

擀麵台·擀麵棍

擀麵台是在擀平麵團、加以整形、或是揉麵團時使用。最好選用比砧板稍大的擀麵台，使用上比較方便。擀麵棍則是用來擀平麵團、使麵團變柔軟、或是壓碎餅乾時使用。

烤盤紙

可當作型紙，鋪在烤盤、烤模以及平底淺盤上，避免麵糊直接沾到容器。形狀與大小可自行剪裁，可分成用完即丟的烤盤紙（上）以及可重複清洗使用、耐熱性佳的烤盤紙（下）。

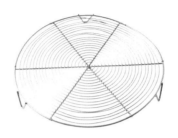

散熱架

這種金屬網附有立腳，可將烤好的甜點倒扣在架上待涼。通氣性佳，即使將甜點直接放在架上，也可避免因熱氣騰騰造成水蒸氣四溢。適合蛋糕及餅乾等各式甜點使用。

旋轉台

可運用在將奶油塗抹於蛋糕上或裝飾蛋糕時使用。特別在將節慶蛋糕均勻塗上奶油霜時，旋轉台就成了必備的工具。如同字面上所述，旋轉台可不停地旋轉，因此不須變換姿勢即可塗抹奶油霜。

竹籤

測試烤好的蛋糕等是否熟透時使用。此外，亦可用於在派上刺出通氣孔、或是在餅乾表面刻劃圖案時等細部作業時使用，相當方便。

刷子

在烤好的甜點上塗抹糖漿或果醬時，或是在派以及餅乾等的表面上塗上蛋黃液，以增添表面光澤時使用。此外，在費南雪以及瑪德蓮貝殼蛋糕等專用的小型烤模上塗抹融化的奶油時也相當好用。

擠花袋‧擠花嘴

除了用來製作裝飾奶油之外，亦可在製作泡芙皮、烤地瓜、馬卡龍、餅乾時等使用。根據用途的不同，可自行更換擠花嘴的形狀（如星形或圓形等）。

抹刀

主要是在蛋糕上塗抹奶油時使用。若能備妥大小抹刀，不論是在塗抹大面積或細小部位時都相當方便。另外，亦可用於將切好的蛋糕移到其他餐盤上。

各 種 烤 模

●蛋糕烤模

圓型烤模

除了用來烤海綿蛋糕之外,亦可用來烤乳酪蛋糕等。活動式烤模(左)在脫模時相當方便。至於氟樹脂加工製烤模(右),即使麵糊直接沾到烤模也能夠輕易地脫模,相當方便。一般尺寸為直徑18cm。

塔類烤模

塔類專用的烤模。盤子的深度較淺,邊緣呈波浪狀為其特徵。與圓形烤模一樣,同屬於淺底、容易脫模的烤模,另外也有活動型烤模。

戚風蛋糕烤模

戚風蛋糕專用的烤模。與圓形烤模一樣,材質、形狀種類繁多,建議使用金屬製、可脫模、且中央圓筒較長的烤模。

磅蛋糕烤模

形狀細長,適用於烤磅蛋糕的烤模。此外,亦可用於製作果凍、巴伐利亞布丁等冰涼點心、迷你吐司、肉糜捲等料理,屬於萬用型烤模。

派盤

用來製作蘋果派等圓形派類的烤模。烤模深度比塔類烤模還要淺,為其特色。派盤最大的特徵在於深度太淺,與其說是烤模,稱作盤子反倒更貼切。

●小型烤模

布丁烤模

適用於烘烤布丁、杯子蛋糕、瑪芬、蒸蛋糕、熔漿巧克力蛋糕等,相當方便。基本上是以可脫模為前提,此外也有鋁製的布丁烤模(左),以及可當作容器直接食用的小烤皿(右)。

●餅乾刻模

圓型(環型)

製作餅乾、司康餅及派類時,用來將麵團刻出圓形造型。若能備妥各種尺寸,使用上會非常方便。

甜甜圈型

甜甜圈專用刻模,可在麵團上切割出厚度、大小一致的環狀麵團。而中央的缺口部份,也可用來製作圓形甜甜圈。

餅乾型

切割餅乾麵團專用的刻模。若能準備各種喜愛圖案的刻模,製作時會相當愉快。除了餅乾之外,亦適用於切割較硬的果凍、派等,用途相當廣泛。

●方型烤模

盛裝盒

將果凍、羊羹、巧克力等倒入,待凝固後可用來切塊的模型。方形果凍盒雖可用平底淺盤代替,不過盛裝盒能夠輕鬆從底部脫模,最好準備一個。

TITLE

我做的蛋糕甜點可以賣！

STAFF

出版	瑞昇文化事業股份有限公司
編著	食のスタジオ
譯者	高詹燦

總編輯	郭湘齡
文字編輯	王瓊苹、闕韻哲
美術編輯	李宜靜
排版	也是文創有限公司
製版	明宏彩色照相製版股份有限公司
印刷	桂林彩色印刷股份有限公司

戶名	瑞昇文化事業股份有限公司
劃撥帳號	19598343
地址	台北縣中和市景平路464巷2弄1-4號
電話	(02)2945-3191
傳真	(02)2945-3190
網址	www.rising-books.com.tw
Mail	resing@ms34.hinet.net

本版日期	2015年2月
定價	350元

國家圖書館出版品預行編目資料

我做的蛋糕甜點可以賣！／
食のスタジオ編著；高詹燦譯.
-- 初版. -- 台北縣中和市：瑞昇文化，2010.08
160面；18.2×23.5公分

ISBN 978-986-6185-05-2 (平裝)

1.點心食譜

427.16   99015107

KIHON GA WAKARU YASASHII OKASHI
© SEIBIDO SHUPPAN CO., LTD. 2009
Originally published in Japan in 2009 by SEIBIDO SHUPPAN CO., LTD..
Chinese translation rights arranged through DAIKOUSHA Inc., Kawagoe.